史瑞东机械考研系列

机械设计
强化突破660题

史瑞东　主编

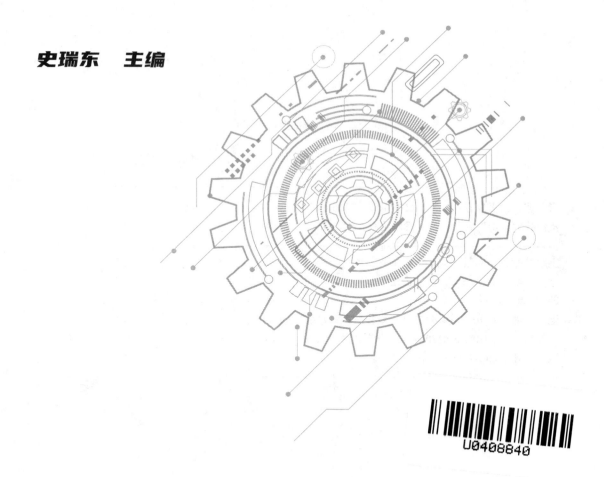

北京理工大学出版社
BEIJING INSTITUTE OF TECHNOLOGY PRESS

版权专有 侵权必究

图书在版编目（CIP）数据

机械设计强化突破660题 / 史瑞东主编. -- 北京：北京理工大学出版社，2024.10.
ISBN 978-7-5763-4516-2

Ⅰ．TH122-44

中国国家版本馆CIP数据核字第2024FJ1531号

责任编辑：王梦春　　**文案编辑**：辛丽莉
责任校对：周瑞红　　**责任印制**：李志强

出版发行 / 北京理工大学出版社有限责任公司
社　　址 / 北京市丰台区四合庄路6号
邮　　编 / 100070
电　　话 / （010）68944451（大众售后服务热线）
　　　　　　（010）68912824（大众售后服务热线）
网　　址 / http://www.bitpress.com.cn

版 印 次 / 2024年10月第1版第1次印刷
印　　刷 / 三河市文阁印刷有限公司
开　　本 / 787 mm×1092 mm　1/16
印　　张 / 10
字　　数 / 250千字
定　　价 / 48.80元

图书出现印装质量问题，请拨打售后服务热线，负责调换

前 言

《机械设计强化突破660题》(以下简称《660题》)旨在为考研专业课是机械设计的考生提供一本全面而深入的习题题库,帮助考生理解机械设计在考研中的基本题型、出题思路,并掌握做题方法。

《660题》选取了各大985学校、211学校、双非学校的考研真题,考生可以练习不同学校的题型,并从中掌握做题技巧。本书从不同的角度分解考点,有助于考生全方位掌握考研真题的出题思路。

《660题》有考研中常见的题型:判断题、选择题、填空题、简答题和计算题。本书针对各个章节常见的知识点等给出了大量的判断题、选择题和填空题来让考生进行练习,从而增强考生对基本概念、细小知识点的掌握,加深对章节内容的整体理解。

《660题》适用于对机械设计基础知识有一定掌握,想进一步提高做题技巧的考生。对于基础较为薄弱的考生,建议先使用《机械考研宝典——机械设计》,等学完基础知识,掌握一定的知识点和常考题型的解题方法后,再利用本书巩固学习,提高做题能力和对知识点的理解,两本书配套使用效率会更高效。

希望本书能够成为各位考生的良师益友,帮助考生在考研中取得更好的成绩。每一本书的出版都不是一个人完成的,而是一个团队努力的成果,在这里特别感谢云图团队的各位老师为本书做出的贡献。

目 录

试题篇

第一章	机械设计总论	003
第二章	机械零件的强度	007
第三章	摩擦、磨损及润滑概述	014
第四章	螺纹连接	016
第五章	键、花键、无键连接和销连接	025
第六章	带传动	030
第七章	链传动	037
第八章	齿轮传动	041
第九章	蜗轮蜗杆传动	050
第十章	滑动轴承	058
第十一章	滚动轴承	063
第十二章	轴	072
第十三章	联轴器、离合器和弹簧	078

解析篇

第一章	机械设计总论	085
第二章	机械零件的强度	088
第三章	摩擦、磨损及润滑概述	096
第四章	螺纹连接	098
第五章	键、花键、无键连接和销连接	104
第六章	带传动	108
第七章	链传动	118
第八章	齿轮传动	120
第九章	蜗轮蜗杆传动	126
第十章	滑动轴承	132
第十一章	滚动轴承	139
第十二章	轴	148
第十三章	联轴器、离合器和弹簧	153

第一章 机械设计总论

一、判断题

1. 在机械设计中,提高零件的加工精度,增加润滑可以减少磨损和延长寿命。（ ）
2. 机械零件质量的好坏是决定机器质量好坏的关键。（ ）
3. 机械零件的计算分为设计计算和校核计算,两种计算都是为了防止机械零件在正常使用期限内发生失效。（ ）
4. 失效就是零件断裂。（ ）

二、选择题

1. 机械设计课程研究的内容只限于(   )。
   A. 在普通工作条件下工作的一般参数的通用零件和部件
   B. 在高速、高压、环境温度过高或过低等特殊条件下工作的以及尺寸特大或特小的通用零件和部件
   C. 标准化的零件和部件
   D. 专用零件和部件
2. 下列 8 种机械零件:螺旋千斤顶的螺杆、机床的地脚螺栓、车床的顶尖、减速器的齿轮、拖拉机发动机的气缸盖螺栓、船舶推进器的多环推力轴承、颚式破碎机的 V 带轮、多气缸内燃机曲柄轴的盘形飞轮。其中有(   )种通用零件。
   A. 6   B. 5   C. 3   D. 4
3. 金属抵抗变形的能力称为(   )。
   A. 硬度   B. 塑性   C. 强度   D. 刚度
4. 下列哪种材料适合用于制造高硬度、耐磨的机械零件？(   )
   A. 铜   B. 铝   C. 钢   D. 塑料
5. 在机械设计中,以下哪个因素不是影响材料选择的因素？(   )
   A. 工作环境 B. 载荷条件 C. 加工工艺 D. 颜色
6. 下列属于机械零件的设计准则的是(   )。
   A. 温度准则 B. 强度准则 C. 耐磨性准则 D. 等寿命准则
7. 机器的零件和部件在装拆时,不得损坏任何部分,而且经几次装拆仍能保持该机器性能的连接叫(   )。
   A. 可拆连接 B. 不可拆连接 C. 焊接   D. 以上均不是

8. 机械设计这门学科,主要研究(　　)的工作原理、结构和设计计算方法。
   A. 各类机械零件和部件　　　　　　　　B. 通用机械零件和部件
   C. 专用机械零件和部件　　　　　　　　D. 标准化的机械零件和部件

9. 对于大量生产、强度要求较高、尺寸不大、形状较简单的零件,应选择(　　)毛坯。
   A. 自由锻造　　　　B. 冲压　　　　C. 模锻　　　　D. 铸造

10. 机械零件应用最广泛的材料中,(　　)为优质碳素钢。
    A. 45　　　　B. ZG45　　　　C. 40Cr　　　　D. ZCuSn10P1

11. 以下哪种材料具有较好的耐磨性?(　　)
    A. 碳素钢　　　　B. 合金钢　　　　C. 铜合金　　　　D. 铝合金

12. 以下哪个因素最不影响齿轮传动的疲劳寿命?(　　)
    A. 材料的疲劳极限　　　　　　　　B. 齿面硬度
    C. 齿轮的精度　　　　　　　　　　D. 传动比

13. 在机械设计中,以下哪种设计原则是为了提高机械的可靠性?(　　)
    A. 使用更高精度的零件　　　　　　B. 增加安全系数
    C. 减少零件的公差　　　　　　　　D. 使用更多的紧固件

14. 在机械设计中,以下哪种方法可以提高机械的可靠性?(　　)
    A. 选用高精度元件　　　　　　　　B. 增加零件数量
    C. 优化设计　　　　　　　　　　　D. 减少维护

15. 以下哪种材料不适合用于制造承受高载荷的机械零件?(　　)
    A. 高强度钢　　　　B. 铸铁　　　　C. 铝合金　　　　D. 钛合金

16. 在机械设计中,以下哪种方法可以减少振动和噪声?(　　)
    A. 增加零件的重量　　　　　　　　B. 提高制造精度
    C. 使用更硬的材料　　　　　　　　D. 减少零件的数量

17. 关于机械密封,以下哪项陈述是正确的?(　　)
    A. 机械密封主要用于防止外部物质进入机械内部
    B. 机械密封不需要定期维护
    C. 机械密封的泄漏量与密封面的磨损成正比
    D. 机械密封可以完全消除泄漏

18. 下列哪种材料适用于航空业齿轮?(　　)
    A. 碳钢　　　　B. 铸铁　　　　C. 铝合金　　　　D. 渗碳钢

19. 国家标准规定,标准渐开线齿轮的分度圆压力角 $\alpha=$(　　)。
    A. 35°　　　　B. 30°　　　　C. 25°　　　　D. 20°

20. 以下实物中,属于专用零件的是(　　)。
   A. 钉　　　　　　B. 起重吊钩　　　　C. 螺母　　　　　D. 键
21. 以下不属于机器的工作部分的是(　　)。
   A. 数控机床的刀架　　　　　　　B. 工业机器人的手臂
   C. 汽车的轮子　　　　　　　　　D. 空气压缩机
22. (　　)阶段是决定机器好坏的关键。
   A. 设计　　　　　B. 计划　　　　　C. 文件编写　　　　D. 需求分析
23. 零件"三化"是指(　　)。
   A. 标准化、系列化、通用化　　　　B. 通用化、实用化、标准化
   C. 标准化、型号化、规格化　　　　D. 规格化、标准化、系列化

三、填空题

1. 机器一般由原动机、传动装置和工作机三部分组成。传动装置的主要作用是传递(　　　　)和(　　　　　　)。
2. 机械设计学习的主要目的是掌握(　　　　　)机械零部件和简单机械的设计能力。
3. 机器的基本组成要素是(　　　　　)。
4. 机械零件常用的材料有(　　　　)、(　　　　)、(　　　　)和(　　　　)。
5. 刚度是指机械零件在载荷作用下抵抗(　　　　　)的能力。零件材料的弹性模量越小,其刚度就越(　　　　)。

四、简答题

1. 常规的机械零件设计方法有哪些?

2. 机器由哪几部分组成?

3. 什么是零件失效？零件的失效形式主要有哪几种？针对这些失效形式有哪些相应的设计准则？

4. 简述技术设计阶段的目标。

5. 影响零件疲劳强度的主要因素有哪些？如何改善？

6. 设计机械零件时应满足的基本要求有哪些？

7. 机械设计中对机器的主要要求有哪些？

8. 机械零件设计中采用标准化带来的优越性表现在哪些方面？

9. 机械零件材料的选择原则有哪些？

10. 机械零件材料的经济性主要表现在哪些方面？

11. 什么是等强度设计？在设计中如何应用？

12. 什么叫静载荷、变载荷、静应力和应变力？

13. 什么叫机械零件的计算准则？常用的机械零件的计算准则有哪些？

第二章 机械零件的强度

一、判断题

1. 只要随时间发生变化的应力,均称为变应力。( )
2. 零件表面越粗糙,其疲劳强度就越低。( )
3. 增大零件过渡曲线的圆角半径可以减少应力集中。( )
4. 转轴弯曲应力的应力循环特性为脉动循环变应力。( )

二、选择题

1. σ-N 曲线中无限寿命阶段是指的( )。
   A. AB 段　　　　　B. BC 段　　　　　C. CD 段　　　　　D. D 点以后

2. 如图所示为低碳钢的 σ-ε 曲线,根据变形发生的特点,在塑性变形阶段的强化阶段(材料恢复抵抗能力)为图上( )段。

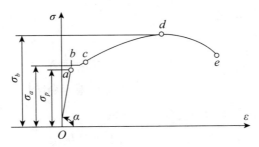

　　A. Oab　　　　　B. bc　　　　　C. cd　　　　　D. de

3. 下列磨损中,不属于磨损基本类型的是( );只在齿轮、滚动轴承等高副零件上经常出现的是( )。
   A. 黏着磨损　　　　　　　　　　　B. 表面疲劳磨损
   C. 磨合磨损　　　　　　　　　　　D. 磨粒磨损

4. 对于直齿圆柱齿轮传动,其齿根弯曲疲劳强度主要取决于( );其表面接触疲劳强度主要取决于( )。
   A. 中心距和齿宽　　　　　　　　　B. 中心距和模数
   C. 中心距和齿数　　　　　　　　　D. 模数和齿宽

5. 以下哪个因素不会影响机械零件的疲劳寿命?( )
   A. 应力集中　　　B. 材料性能　　　C. 表面粗糙度　　　D. 零件颜色

6. 等寿命曲线中的"等寿命"指的是循环（　　）次。
   A. 10^6　　　　B. 10^7　　　　C. 10^9　　　　D. 10^3

7. 哪种类型的应力变化会导致疲劳破坏？（　　）
   A. 对称循环变应力　　　　　　　　B. 脉动循环变应力
   C. 非对称循环变应力　　　　　　　D. 静应力

8. 在每次循环中，如果变应力的周期 T、应力幅 σ_a 和平均应力 σ_m 中有一个是变化的，则称该变应力为（　　）。
   A. 非稳定变应力　　　　　　　　　B. 非对称循环变应力
   C. 稳定变应力　　　　　　　　　　D. 脉动循环变应力

9. 下列四种叙述中（　　）是正确的。
   A. 变应力可能由变载荷产生，也可能由静载荷产生
   B. 变应力只能由变载荷产生
   C. 静载荷不能产生变应力
   D. 变应力由静载荷产生

10. 交变应力特性可用 $\sigma_{\max}$、$\sigma_{\min}$、σ_m、σ_a、r 五个参数中的任意（　　）个来描述。
    A. 1　　　　　　B. 2　　　　　　C. 3　　　　　　D. 4

11. 在 σ-N 曲线中 BC 段叫作（　　）。
    A. 低周疲劳阶段　　　　　　　　　B. 高周疲劳阶段
    C. 持久疲劳阶段　　　　　　　　　D. 无限寿命阶段

12. 在进行疲劳强度计算时，其极限应力应为材料的（　　）。
    A. 屈服极限　　　　　　　　　　　B. 弹性极限
    C. 强度极限　　　　　　　　　　　D. 疲劳极限

13. 一直径 $d=25$ mm 的等截面直杆，受静拉力 $F=40$ kN，杆的材料为 45 钢，材料的屈服极限 $\sigma_s=320$ MPa，许用安全系数 $[S]_\sigma=1.6$，则该零件的许用载荷为（　　）kN。
    A. 98.17　　　　B. 25　　　　　　C. 157.08　　　　D. 40

14. 国家标准规定，螺栓的强度级别是按其材料的（　　）来进行划分的。
    A. 屈服极限 σ_s　　　　　　　B. 抗拉强度极限 σ_b 与屈服极限 σ_s
    C. 抗拉强度极限 σ_b　　　　　D. 硬度 HBS

15. 对于受循环变应力作用的零件，影响疲劳破坏的主要因素是（　　）。
    A. 最大应力　　　　　　　　　　　B. 平均应力
    C. 应力幅　　　　　　　　　　　　D. 无法判定

16. 两轴线相互平行的圆柱体接触,受径向压力,则两零件的接触应力(   )。

   A. 相等
   B. 不相等
   C. 与直径相关,直径大的接触应力大
   D. 与圆柱体轴线位置有关

17. 零件受不稳定变应力作用时,若各级应力是逐级递减,则发生疲劳破坏时的总损伤率将(   )。

   A. 小于 1
   B. 大于 1
   C. 可能大于 1,也可能小于 1
   D. 不确定,随机发生

18. 当转轴受作用力的大小、方向不变时,其外圆表面上任一点的弯曲应力属于(   )。

   A. 静应力
   B. 对称循环应力
   C. 脉动循环应力
   D. 随机应力

19. 设 3 个零件甲、乙、丙承受的最大应力 σ_{max} 值是相同的,但应力循环特性 r 分别为 +1、0、-1,则其中易发生疲劳失效的零件是(   )。

   A. 甲
   B. 乙
   C. 丙
   D. 同时破坏

20. 当零件某一截面上存在几个应力集中源时,有效应力集中系数应是(   )。

   A. 各有效应力集中系数的平均值
   B. 各有效应力集中系数的乘积
   C. 各有效应力集中系数中的最大值
   D. 最小截面处应力系数

21. 绘制塑性材料的简化的极限应力图时,所必需的已知数据是(   )。

   A. σ_{-1}、σ_0、σ_s
   B. σ_0、σ_s、σ_b
   C. σ_{-1}、σ_b、σ_s
   D. σ_{-1}、σ_0、σ_b

22. 循环特性 $r=-1$ 的变应力是(   )应力。

   A. 对称循环变
   B. 脉动循环变
   C. 非对称循环变
   D. 静

三、填空题

1. 有限寿命疲劳极限符号为(   ),其中的(   )表示寿命计算的循环次数。

2. 不随时间变化的应力称为(   ),随时间变化的应力称为(   ),具有周期性的变应力称为(   )。

3. 脉动循环变应力的循环特性为(　　　　　　　)。

4. 应力幅与平均应力之和等于(　　　　　　);应力幅与平均应力之差等于(　　　　　　);最小应力与最大应力之比称为(　　　　　　)。

5. 在零件强度设计中,当载荷作用次数≤10^3时,可按照(　　　　　　　)条件进行设计计算,而当载荷作用次数>10^3时,则应当按(　　　　　　　)条件进行设计计算。

6. 疲劳曲线是在(　　　　　　)一定时,表示疲劳极限σ与(　　　　　　)之间关系σ-N的曲线。

7. 机械零件受载时,在(　　　　　　)处产生应力集中,应力集中的程度通常随材料的强度增大而(　　　　　　)。

8. 在交变应力中,应力循环特性系数是指(　　　　　　　)的比值。

9. 静载荷是指大小和方向不随时间变化或者变化非常(　　　　　　)的载荷。

10. 计算载荷是指考虑实际工作条件(如冲击、振动等)下,产生附加载荷后的(　　　　　　)载荷,通常是额定载荷乘以不同因素的影响(　　　　　　)。

11. 机械零件的断裂是材料的(　　　　　　)不足造成的,机械零件的变形过大是材料的(　　　　　　)不足造成的。

12. 当转子的转动频率接近其固有频率时,便发生(　　　　　　)。

13. 材料的塑性变形通常发生在低速(　　　　　　)的情况下。

14. 为了提高零件的抗拉压强度,增加零件的(　　　　　　)最为有效。

15. 机械产品开发性设计的核心是(　　　　　　)。

16. 材料的许用应力越大,表明材料的强度就越(　　　　　　)。

17. 静应力下,零件材料有两种损坏形式:(　　　　　　)或(　　　　　　)。在变应力条件下,零件的损坏形式为(　　　　　　)。在变应力条件下,影响机械零件疲劳强度的因素有很多,有(　　　　　　)、(　　　　　　)、(　　　　　　)、环境介质、(　　　　　　)和(　　　　　　)。

18. 一零件用45号钢制成,工作时受静拉力,危险截面处的最大应力σ=120 MPa,材料的屈服极限为σ_s=360 MPa,硬度为200 HBS,许用应力$[\sigma]$=120 MPa,则该零件的许用安全系数$[S_\sigma]$=(　　　　　　)。

19. 在疲劳曲线上,以循环基数N_0为界分为两个区:当$N \geq N_0$时,为(　　　　　　)区;当$N < N_0$时,为(　　　　　　)区。

20. 零件的表面破坏主要是(　　　　　　)、(　　　　　　)和接触疲劳。

四、简答题

1. 零件材料的极限应力 $\sigma_{\lim}$ 如何确定?

2. 极限应力线图有何用处?

3. 机械零件的胶合是什么?何为冷胶合和热胶合?

4. 请说明为什么实际工程中,损伤率之和往往不等于1,有时小于1,有时大于1。

5. 画图表示机械零件的正常磨损过程,并指出正常磨损过程通常经历哪几个磨损阶段。

6. 简述 Miner 法则(即疲劳损伤线性累积假说)的内容。

五、计算题

1. 已知 45 钢经调制后的机械性能为强度极限 $\sigma_B = 600$ MPa,屈服极限 $\sigma_s = 360$ MPa,疲劳极限 $\sigma_{-1} = 300$ MPa,材料的等效系数 $\psi_\sigma = 0.25$。材料的极限应力线如图所示。

(1) 试求材料的脉动疲劳极限 σ_0;

(2) 疲劳强度综合影响系数 $K_\sigma = 2$,试作出零件的极限应力线;

(3) 若某零件所受的最大应力 $\sigma_{\max} = 120$ MPa, 循环特性系数 $r=0.25$, 试求工作应力点 M 的坐标 (σ_m, σ_a)。

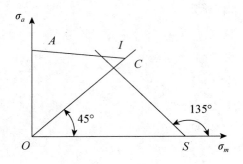

2. 某材料的机械性能为 $\sigma_{-1} = 450$ MPa, $m = 9$, $N_0 = 10^7$。现用此材料作试件进行试验, 以三级稳定对称循环应力 $\sigma_1 = 600$ MPa, $\sigma_2 = 550$ MPa, $\sigma_3 = 500$ MPa 各作用了 10^5 次。试确定:
(1) 该试件在此条件下的计算安全系数 S_{ca};
(2) 试件的总损伤率;
(3) 直到试件破坏时剩余的工作循环次数 n'。

3. 在如图所示零件的极限应力线图中, 零件的工作应力位于 M 点, 在零件的加载过程中, 可能发生哪种失效? 若应力循环特性 r 等于常数, 应按什么方式进行强度计算?

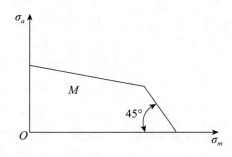

4. 某零件材料的机械性能为 $\sigma_{-1} = 500$ MPa,$\sigma_0 = 800$ MPa,$\sigma_s = 800$ MPa,综合影响系数 $K_\sigma = 2$,零件工作的最大应力 $\sigma_{max} = 300$ MPa,最小应力 $\sigma_{min} = -50$ MPa,加载方式为 $r = C$(常数)。

求:(1)按比例绘制该零件的极限应力线图,并在图中标出该零件的工作应力点 M 和其相应的极限应力点 M_1;

(2)根据极限应力线图,判断该零件将可能发生何种破坏;

(3)若该零件的设计安全系数 $S = 1.5$,用计算法验算其是否安全?

5. 某材料的对称循环弯曲疲劳强度 $\sigma_{-1} = 180$ MPa,取循环基数 $m = 9$,$N_0 = 5 \times 10^6$,试求循环次数 N 分别为 7 000、25 000、620 000 时的有线寿命弯曲疲劳极限。

6. 已知材料的力学性能为 $\sigma_s = 260$ MPa,$\sigma_{-1} = 170$ MPa,$\psi_\sigma = 0.2$,试绘制此材料的简化等寿命疲劳曲线。

7. 一圆轴的轴肩尺寸为 $D = 72$ mm,$d = 62$ mm,$r = 3$ mm。材料为 40CrNi,其强度极限 $\sigma_B = 900$ MPa,屈服极限 $\sigma_s = 750$ MPa,试计算轴肩的弯曲有效应力集中系数 k_σ。

8. 一圆轴的轴肩尺寸为 $D = 54$ mm,$d = 45$ mm,$r = 3$ mm,设其强度极限 $\sigma_B = 420$ MPa,试绘制此零件的简化等寿命疲劳曲线。

第三章　摩擦、磨损及润滑概述

一、判断题

1. 如果机械零件处于流体摩擦状态，其性质取决于流体内部分子间的黏性阻力。（　　）
2. 交变应力作用下的摩擦副最容易出现腐蚀磨损。（　　）
3. 稳定磨损阶段的长短代表零件的工作寿命。（　　）
4. 润滑不仅可降低摩擦、减轻磨损，而且还具有防锈、散热、减振等功用。（　　）
5. 润滑脂的滴点决定其工作温度。（　　）

二、选择题

1. 两相对滑动的接触表面，依靠吸附油膜进行润滑的摩擦状态称为（　　）。
   A. 液体摩擦　　　　　　　　　　B. 半液体摩擦
   C. 混合摩擦　　　　　　　　　　D. 边界摩擦
2. 温度升高时，润滑油的黏度会如何变化？（　　）
   A. 随之升高　　　　　　　　　　B. 保持不变
   C. 随之降低　　　　　　　　　　D. 可能升高也可能降低
3. 以下4项特性中，只属于润滑脂的特性的是（　　）。
   A. 凝点　　　　B. 滴点　　　　C. 闪点　　　　D. 油性
4. 为了在金属表面形成一层保护膜以减轻磨损，应在润滑油中加入（　　）。
   A. 抗氧化剂　　　　　　　　　　B. 极压添加剂
   C. 油性添加剂　　　　　　　　　D. 分散添加剂
5. 两摩擦表面间的膜厚比 $\lambda < 1$ 时，其摩擦状态为（　　）。
   A. 液体摩擦　　　　　　　　　　B. 干摩擦
   C. 混合摩擦　　　　　　　　　　D. 边界摩擦

三、填空题

1. 液体动压油膜形成的3个条件为（　　　　）、（　　　　）、（　　　　）。
2. 4种摩擦状态包括（　　　　）、（　　　　）、（　　　　）、（　　　　）。
3. 润滑油的（　　　　）性越好，则其产生边界膜的能力就越强；（　　　　）越大，则其内摩擦阻力就越大。

4. 为改善润滑油在某些方面的性能,在润滑油中加入的各种具有独特性能的化学合成物即为(　　　　　　)。

5. 凝点是指润滑油在规定条件下,不能再自由流动时所达到的最(　　　　　)温度。

6. 润滑脂的主要性能指标是(　　　　　)、(　　　　　)。

四、简答题

1. 简述润滑剂的作用。

2. 简述摩擦的两重性。举出两种有益摩擦的例子。

3. 边界摩擦与干摩擦有何区别?

4. 润滑剂的分类有哪些?

5. 磨损过程分几个阶段?各阶段的特点是什么?

6. 简述油环润滑的过程,以及适用的转速。

第四章 螺纹连接

一、判断题

1. 采用加厚螺母是提高螺纹连接强度的有效方法。（ ）
2. 受横向载荷的螺栓组连接中的螺栓必须采用有铰制孔的精配合螺栓。（ ）
3. 螺纹升角越小,螺纹的自锁性能越好。（ ）
4. 螺栓连接中,若被连接件为铸件,则通常在螺栓孔处制作沉头座孔或凸台,其目的是方便安置防松装置。（ ）
5. 在受拉螺栓连接中,受静载荷螺栓的失效形式大多表现为螺纹部分的塑性变形和断裂。（ ）
6. 螺栓的最大应力一定时,应力幅越小,其疲劳强度越高。（ ）
7. 采用螺纹连接时,若被连接件总厚度较大,且材料较软,强度较低,而且需要经常装拆,宜采用双头螺柱连接。（ ）
8. 设计铰制孔用螺栓时,既要考虑螺栓的剪切强度,也要考虑螺栓的拉伸强度。（ ）
9. 对重要的有强度要求的螺栓连接,如无控制拧紧力矩的措施,不宜采用小于 M12 的螺栓。（ ）
10. 矩形螺纹由于当量摩擦系数大,强度高,所以是常用的连接螺纹。（ ）
11. 锯齿形螺纹主要用于连接。（ ）
12. 梯形螺纹主要用于连接。（ ）
13. 管螺纹主要用于传动。（ ）
14. 螺纹升角 Φ 越大,越容易自锁。（ ）
15. 所有螺纹的牙型角都是 60°。（ ）
16. 性能等级为 6.6 级的螺栓,其屈服点 $\sigma=600$ MPa。（ ）
17. 双螺母防松结构中,如两螺母厚度不同,应先安装薄螺母,后安装厚螺母。（ ）

二、选择题

1. 在螺栓的直径参数中,（　　）与螺栓的抗拉强度关系最大。
   A. 中径 B. 小径
   C. 大径 D. 螺距

2. 如图所示,在螺母下放置弹性元件,是为了(　　)。

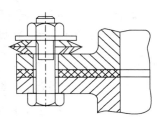

A. 减小螺栓刚度,降低变载荷下的应力幅

B. 使螺母中各圈螺纹受力较均匀

C. 防止螺母回松

D. 减小被连接件的刚度,提高连接的紧密性

3. 下列四种螺纹中,自锁性能最好的是(　　)。
   A. 粗牙普通螺纹　　　　　　　B. 细牙普通螺纹
   C. 梯形螺纹　　　　　　　　　D. 锯齿形螺纹

4. 对于普通螺栓连接,在拧紧螺母时,螺栓所受的载荷是(　　)。
   A. 拉力　　　B. 扭矩　　　C. 压力　　　D. 拉力和扭矩

5. 螺栓连接中,旋合螺纹牙间载荷分布不均匀是由于(　　)。
   A. 螺母太厚　　　　　　　　　B. 螺母和螺栓变形大小不同
   C. 应力集中　　　　　　　　　D. 螺母与螺栓变形性质不同

6. 下列牙型螺纹中效率最高的是(　　)。
   A. 管螺纹　　B. 梯形螺纹　　C. 锯齿形螺纹　　D. 矩形螺纹

7. 下列牙型螺纹中效率最低的是(　　)。
   A. 矩形螺纹　　B. 三角形螺纹　　C. 管螺纹　　D. 锯齿形螺纹

8. 下列牙型螺纹中可用于双向传动的是(　　)。
   A. 梯形螺纹　　B. 普通螺纹　　C. 管螺纹　　D. 锯齿形螺纹

9. 下列牙型螺纹中用于连接的是(　　)。
   A. 梯形螺纹　　B. 普通螺纹　　C. 矩形螺纹　　D. 锯齿形螺纹

10. 下列哪种螺纹主要用于连接?(　　)
    A. 矩形螺纹　　B. 梯形螺纹　　C. 锯齿形螺纹　　D. 三角形螺纹

11. 最常用的传动螺纹类型是(　　)。
    A. 普通螺纹　　B. 矩形螺纹　　C. 梯形螺纹　　D. 锯齿形螺纹

12. 被连接件是锻件或铸件时,应将安装处加工成小凸台或鱼眼坑,其目的是(　　)。
    A. 易拧紧　　B. 避免偏心载荷　　C. 增大接触面　　D. 外观好

13. 某柴油机气缸盖采用细长杆空心螺纹,其目的是(　　)。
    A. 降低应力幅　　　　　　　　　　B. 增大刚度
    C. 减轻重量　　　　　　　　　　　D. 加强密封

14. 下列零件中尚未制定国家标准的是(　　)。
    A. 矩形花键尺寸　　　　　　　　　B. 普通平键
    C. 双向推力球轴承　　　　　　　　D. 矩形牙传动螺纹

15. 在紧螺栓连接中,螺栓所受的切应力是由(　　)产生的。
    A. 横向力　　　B. 拧紧力矩　　　C. 螺纹力矩　　　D. 扭转拉力

16. 为了提高受轴向变载荷螺栓连接的疲劳强度,应(　　)。
    A. 增加螺栓刚度　　　　　　　　　B. 降低螺栓刚度
    C. 加大被连接件尺寸　　　　　　　D. 降低被连接件刚度

17. 在常用的螺纹连接中,自锁性能最好的螺纹是(　　)。
    A. 三角形螺纹　　B. 梯形螺纹　　C. 锯齿形螺纹　　D. 矩形螺纹

18. 螺纹连接防松的根本问题在于(　　)。
    A. 增加螺纹连接的轴向力　　　　　B. 增加螺纹连接的横向力
    C. 防止螺纹副的相对转动　　　　　D. 增加螺纹连接的刚度

19. 在螺纹连接中最常用的螺纹牙型是(　　)。
    A. 矩形螺纹　　B. 梯形螺纹　　C. 三角形螺纹　　D. 锯齿形螺纹

20. 三角形螺纹的牙型角 $\alpha =$ (　　)。
    A. 30°　　　　B. 60°　　　　C. 0°　　　　D. 90°

21. 在螺栓连接中,有时在一个螺栓上采用双螺母,其目的是(　　)。
    A. 提高强度　　　　　　　　　　　B. 提高刚度
    C. 防松　　　　　　　　　　　　　D. 减小每圈螺纹牙上的受力

22. 计算紧螺栓连接的拉伸强度时,考虑到拉伸与扭转的复合作用,应将拉伸载荷增加到原来的(　　)倍。
    A. 1.1　　　　B. 1.3　　　　C. 1.25　　　　D. 0.3

三、填空题

1. 被连接件受横向外力时,如采用普通螺纹连接,则螺栓的主要失效形式为(　　　　)。
2. 请写出两种螺纹连接中常用的防松方法:(　　　　)和(　　　　)。
3. 螺纹根据牙型可分为(　　　　)。
4. 螺纹大径是指(　　　　),在标准中被定为公称直径。

5. 螺纹小径是指（　　　　　），即与螺纹牙底相切的假想圆柱的直径。

6. 螺纹的螺距是指（　　　　　）。

7. 螺纹的导程是指（　　　　　）。

8. 三角形螺纹主要用于（　　　　　），而矩形、梯形和锯齿形螺纹主要用于（　　　　　）。

9. 普通三角形螺纹连接的牙型为（　　　　　）形。在同一公称直径下，按照螺距的不同，螺纹可以分为（　　　　　）和（　　　　　）。

10. 控制预紧力的方法通常是（　　　　　），利用控制拧紧力矩的方法来控制预紧力的大小。

11. 螺纹预紧力过大会导致（　　　　　），也会使连接件在装配或偶然过载时被拉断。

12. 标记为螺栓 GB/T5786—2016 M16×80 的六角头螺栓的螺纹是（　　　　　）形，牙型角等于（　　　　　）度，线数等于（　　　　　），16 代表（　　　　　），80 代表（　　　　　）。

13. 对于重要的螺纹连接，一般采用（　　　　　）防松。

14. 受横向载荷的螺栓组连接中，单个螺栓的预紧力 F_0 应满足（　　　　　）。

15. 按照平面图形的形状，螺纹分为（　　　　　）、（　　　　　）和（　　　　　）等。

16. 根据工作原理，螺纹连接防松的措施有（　　　　　）。

17. 在常用的螺纹连接中，自锁性能最好、摩擦力最大的螺纹牙型是（　　　　　）。

18. 被连接件受横向载荷作用时，如采用普通螺栓连接，则螺栓受到的力是（　　　　　）。

19. 在螺纹连接中，当两个被连接件之一太厚，不宜制成通孔且需经常拆卸时，往往可采用（　　　　　）连接。

20. 螺纹的公称尺寸是（　　　　　）。

21. 螺纹连接的主要类型有（　　　　　）、（　　　　　）、（　　　　　）和（　　　　　）。

四、简答题

1. 防松的根本目的是什么？

2. 简述螺纹的分类主要有哪些。

3. 为什么连接多用三角形螺纹？

4. 螺纹连接为什么要防松？常用的防松方法有哪些？

5. 螺栓的光杆部分做得细些，为什么可以提高其疲劳强度？

6. 简单描述双头螺柱的连接特点以及应用场合。

7. 机械连接中的两大类，一个是机械动连接，另一个是机械静连接，分别表述两类连接的定义。

8. 什么是螺纹的预紧力？螺纹预紧的目的是什么？

9. 提高螺纹连接强度的措施有哪些？

10. 常用的螺纹紧固件有哪些？

11. 紧螺栓连接的强度也可以按纯拉伸计算，但须将拉力增大 30%，为什么？

12. 为什么螺母的螺纹圈数不宜大于八圈？

13. 常用螺纹有哪几种类型？各用于什么场合？对连接螺纹和传动螺纹的要求有何不同？

14. 普通螺栓连接和铰制孔用螺栓连接的主要失效形式分别是什么？设计准则分别是什么？

15. 计算普通螺栓连接时，为什么只考虑螺栓危险截面的拉伸强度，而不考虑螺栓头、螺母和螺纹牙的强度？

16. 受预紧力 Q_p 和轴向工作载荷 F 的紧螺栓连接，螺栓受的总拉力 Q 等于预紧力 Q_p 与轴向工作载荷 F 的和吗？

五、计算题

1. 如图所示，受轴向力紧螺栓连接的螺栓刚度为 $C_1 = 40\,000$ N/mm，被连接件刚度为 $C_2 = 160\,000$ N/mm，螺栓所受预紧力 $F' = 8\,000$ N，螺栓所受工作载荷 $F = 4\,000$ N。
   (1) 按比例画出螺栓与被连接件变形关系图（比例尺自定）；
   (2) 用计算法求出螺栓所受的总拉力 F_0 和残余预紧力 F''。

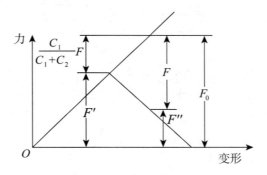

2. 如图所示,某螺栓连接的预紧力为 $Q_p=15\,000$ N,测得此时螺栓伸长 $\lambda_b=0.1$ mm,被连接件缩短 $\lambda_m=0.05$ mm。在交变轴向工作载荷作用下,如要求残余预紧力不小于 9 000 N,试求:

(1)所允许交变轴向工作载荷的最大值;

(2)螺栓与被连接件所受总载荷的最大值与最小值。

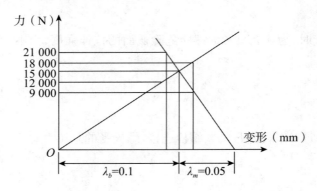

3. 如图所示,受轴向力紧螺栓连接的螺栓刚度为 $C_b=400\,000$ N/mm,被连接件刚度为 $C_m=1\,600\,000$ N/mm,螺栓受预紧力 $Q_p=8\,000$ N,螺栓承受工作载荷 $F=4\,000$ N。

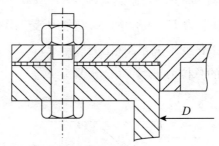

(1)计算螺栓所承受的总拉力 Q 和残余预紧力 Q'_p;

(2)若工作载荷在 0 与 4 000 N 之间变化,螺栓承载面积为 $A=96.6$ mm^2,求螺栓的应力幅 σ_a 和平均应力 σ_m;

(3)受轴向力紧螺栓连接,为什么要施加预紧力?

4. 某螺栓连接的预紧力 $Q_p = 10\,000$ N，且承受变动的轴向工作载荷 $F(0 \sim 8\,000$ N) 的作用。现测得在预紧力作用下该螺栓的伸长量 $\lambda_b = 0.2$ mm，被连接件的缩短量为 $\lambda_m = 0.05$ mm。分别求在工作中螺栓及被连接件所受总载荷的最大值与最小值。

5. 如图所示，方形盖板用四个螺钉与箱体连接，吊环作用力为 10 kN，吊环因制造误差，中心 O' 与螺栓组形心 O 偏离 $5\sqrt{2}$ mm，求受力最大的螺栓所受的工作拉力。

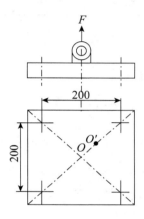

6. 两块金属板用 M12 的普通螺栓连接。若结合面的摩擦系数 $f = 0.3$，螺栓预紧力控制在其屈服极限的 70%，螺栓用性能等级为 4.8 的中碳钢制造，求此连接所能传递的横向载荷。

7. 受轴向载荷的紧螺栓连接，被连接钢板间采用橡胶垫片。已知螺栓预紧力 $F_0 = 15\,000$ N，当受轴向工作载荷 $F = 10\,000$ N 时，求螺栓所受的总拉力 F_2 及被连接件之间的残余预紧力 F_1。

8. 图示为受轴向工作载荷的紧螺栓连接受到作用力和变形的关系。

(1) 螺栓刚度 C_b 和被连接件刚度 C_m 的大小对螺栓受力 Q 有何影响？

(2) 若预紧力 $Q_p = 800 \text{ N}$，工作载荷 $F = 1\,000 \text{ N}$，$C_m = 4C_b$，试计算螺栓上的总载荷及残余预紧力 Q_p'。

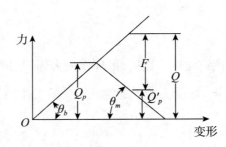

9. 有一受预紧力 F_0 和轴向工作载荷作用的紧螺栓连接，已知预紧力 $F_0 = 1\,000 \text{ N}$，螺栓的刚度 C_b 与连接件的刚度 C_m 相等，轴向工作载荷 $F = 1\,000 \text{ N}$，试计算：

(1) 该螺栓所受的总拉力 F_2 及残余预紧力 F_1；

(2) 在预紧力 F_0 不变的条件下，若要保证被连接件间不出现缝隙，则该螺栓的最大轴向工作载荷 F_{max} 为多少？

第五章　键、花键、无键连接和销连接

一、判断题

1. 传递双向转矩时应选用两个对称布置的切向键(即两键在轴上位置相隔180°)。　　　　(　　)
2. 楔键连接与平键连接相比,前者的对中性好。　　　　(　　)
3. 半圆键和平键能实现轴上零件的轴向固定,所以能传递轴向力。　　　　(　　)
4. 切向键的工作面是键的侧面。　　　　(　　)
5. 把一个零件固定在一个平面机座上,为保证其位置准确,至少应装2个定位销,销钉的相对位置应近一些。　　　　(　　)

二、选择题

1. (　　)不能列入过盈配合连接的优点。
   A. 结构简单　　　　　　　　　　　　B. 工作可靠
   C. 能传送很大的转矩和轴向力　　　　D. 装配较方便
2. 对中性高且对轴的削弱又不大的键连接是(　　)连接。
   A. 普通平键　　　B. 半圆键　　　C. 楔键　　　D. 切向键
3. 设计键连接时,键的截面尺寸通常是根据(　　)从标准中选取。
   A. 键传递的转矩　B. 轴的转速　　C. 轮毂的长度　D. 轴的直径
4. 下述不可拆连接是(　　)。
   A. 销连接　　　　B. 螺纹连接　　C. 胶接　　　　D. 键连接
5. 下述可拆连接是(　　)。
   A. 铆接　　　　　B. 焊接　　　　C. 花键连接　　D. 胶接
6. 普通平键连接采用两个键时,一般两键间的布置角度为(　　)。
   A. 90°　　　　　 B. 120°　　　　C. 135°　　　　D. 180°
7. 普通平键连接强度校核的内容主要是(　　)。
   A. 校核键侧面的挤压强度　　　　　　B. 校核键的剪切强度
   C. A、B两者均需校核　　　　　　　　D. 校核磨损
8. 半圆键连接采用双键时两键应(　　)布置。
   A. 在周向相隔90°　　　　　　　　　B. 在轴的同一条母线上
   C. 在周向相隔120°　　　　　　　　 D. 在周向相隔180°

9. 平键连接的可能失效形式有（　　）。
   A. 胶合　　　　　　　　　　　　　　B. 疲劳点蚀
   C. 弯曲疲劳破坏　　　　　　　　　　D. 压溃、磨损、剪切破坏等

10. 对于平键静连接，主要失效形式是（　　），平键动连接的主要失效形式则是（　　）。
    A. 工作面被压溃　　　　　　　　　　B. 键被剪断
    C. 工作面的过度磨损　　　　　　　　D. 键被弯断

11. 普通平键的剖面尺寸一般是根据（　　）按标准选取的。
    A. 轴的直径　　　　　　　　　　　　B. 轴的材料
    C. 传递转矩大小　　　　　　　　　　D. 轮毂长度

12. 为了不过于严重削弱轴和轮毂的强度，两个切向键最好布置成（　　）。
    A. 在轴的同一母线上　　　　　　　　B. 180°
    C. 120°～130°　　　　　　　　　　　D. 90°

13. 平键 B20×80 GB/T1096—2003 中，20×80 是表示（　　）。
    A. 键宽×轴径　　　　　　　　　　　B. 键高×轴径
    C. 键宽×键长　　　　　　　　　　　D. 键宽×键高

14. 能构成紧连接的两种键是（　　）。
    A. 楔键和半圆键　　　　　　　　　　B. 半圆键和切向键
    C. 楔键和切向键　　　　　　　　　　D. 平键和楔键

三、填空题

1. 楔键连接传动中，键的工作面是楔键的（　　　　　）。
2. 普通平键连接中，键的工作面是（　　　　　）。
3. 普通平键的截面尺寸（　　　　　）是由键连接处轴径在（　　　　　）的标准中选定；强度计算时键的工作长度根据（　　　　　）确定。
4. 当采用两个楔键传递周向载荷时，应使两键布置在沿周向相隔180°的位置，在强度校核时只按（　　　　　）个键计算。
5. 在平键连接中，静连接应校核（　　　　　）强度；动连接应校核（　　　　　）强度。
6. 在平键连接工作时，是靠（　　　　　）和（　　　　　）侧面的挤压传递转矩的。
7. 花键连接的主要失效形式，对静连接是（　　　　　），对动连接是（　　　　　）。
8. （　　　　　）键连接，既可传递转矩，又可承受单向的轴向载荷，但容易破坏轴与轮毂的对中性。

9. 胀紧连接的定心性（　　　　　），装拆（　　　　　），引起的应力集中较小，承载能力（　　　　　），并且有安全保护作用。
10. 半圆键的（　　　　　）为工作面，当需要用两个半圆键时，一般布置在轴的（　　　　　）。
11. 普通平键的工作面是（　　　　　）。
12. 普通平键连接的主要失效形式是工作面的（　　　　　），若强度不够时，可采用两个键连接，其布局角度为（　　　　　）。
13. 平键连接中，平键的截面尺寸应按（　　　　　）从键的标准中选取，键的长度 L 可参照轮毂的宽度从标准中选取，必要时应进行强度校核。
14. 键连接的主要类型有（　　　　　）、（　　　　　）、（　　　　　）、（　　　　　）。
15. 键的高度和宽度是由（　　　　　）决定的。

四、简答题

1. 要提高螺栓连接的疲劳强度，应如何改变螺栓和被连接件的刚度和预紧力大小？

2. 薄型平键连接与普通平键连接相比，在使用场合、结构尺寸和承载能力上有何区别？

3. 半圆键连接与普通平键连接相比，有什么优缺点？它适用于什么场合？

4. 采用两个平键时，通常在轴的圆周上相隔180°布置；采用两个楔键时，常相隔90°～120°；而采用两个半圆键时，则布置在轴的同一母线上。这是为什么？

5. 胀套串联使用时，为何要引入额定载荷系数 m？为什么 Z_1 型胀套和 Z_2 型胀套的额定载荷系数有明显的差别？

6. 和平键连接相比较，花键连接有哪些优点？

7. 键连接的主要用途是什么？楔键连接和平键连接有什么区别？

8. 花键连接的类型有哪几种？各采用何种定心方式？

9. 销有哪些种类？销连接有哪些应用特点？

五、计算题

1. 某减速器输出轴上装有联轴器，如图所示，A 型平键连接。已知输出轴直径为 60 mm，输出转矩为 1 200 N·m，键的许用挤压应力为 150 MPa，试校核键的强度。

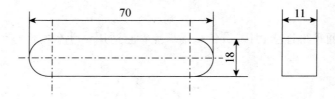

2. 已知某齿轮用一个 A 型平键（键尺寸 $b \times h \times L = 16 \times 10 \times 80$）与轴相连接，轴的直径 $d = 50$ mm，轴、键和轮毂材料的许用挤压应力 $[\sigma_p]$ 分别为 120 MPa、100 MPa、80 MPa。试求此键连接所能传递的最大转矩 T_{max}(N·m)。若需传递转矩为 900 N·m，此连接应作何改进？

3. 在一直径 $d=80$ mm 的轴端,安装一钢制直齿圆柱齿轮,轮毂宽度 $L=1.5d$,工作时有轻微冲击。试确定平键连接的尺寸,并计算其允许传递的最大转矩。

4. 改正图示半圆键连接的结构错误。

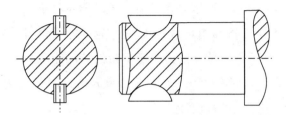

第六章 带传动

一、判断题

1. 若带传动的初拉力一定,增大摩擦系数和包角都可提高带传动的临界摩擦力。（　　）
2. 带传动中,弹性滑动不可避免,其原因是带的瞬时传动比不稳定。（　　）
3. 为使普通 V 带和带轮的工作槽面相互紧贴,应使带轮的轮槽角与带的楔角相等。（　　）
4. 在相同的初拉力作用下,V 带的传动能力高于平带的传动能力。（　　）
5. 若一普通 V 带传动装置工作时有 300 r/min 和 600 r/min 两种转速,且传递的功率不变,则该带传动应按 600 r/min 转速进行设计。（　　）

二、选择题

1. V 带在减速传动过程中,带的最大应力发生在（　　）。
   A. V 带离开大带轮处　　　　　　　　B. V 带绕上大带轮处
   C. V 带离开小带轮处　　　　　　　　D. V 带绕上小带轮处
2. 带传动中,弹性滑动（　　）。
   A. 在张紧力足够时可以避免　　　　　B. 在传递功率较小时可以避免
   C. 在小带轮包角足够大时可以避免　　D. 不可避免
3. 设计 V 带传动时,选择小带轮基准直径 $d_1 \geqslant d_{\min}$,其主要目的是（　　）。
   A. 使传动的包角不至于过小　　　　　B. 使带的弯曲应力不至于过大
   C. 增大带轮间的摩擦力　　　　　　　D. 便于带轮的制造
4. V 带传动设计中,限制小带轮的最小直径主要是为了（　　）。
   A. 使结构紧凑　　　　　　　　　　　B. 限制弯曲应力
   C. 保证带和带轮接触面间有足够摩擦力　D. 限制小带轮上的包角
5. V 带传动设计中,选取小带轮基准直径的依据是（　　）。
   A. 带的型号　　B. 带的速度　　C. 主动轮转速　　D. 传动比
6. 当摩擦系数与初拉力一定时,带传动在打滑前所能传递的最大有效拉力随（　　）的增大而增大。
   A. 小带轮上的包角　　　　　　　　　B. 大带轮上的包角
   C. 带的线速度　　　　　　　　　　　D. 小带轮的直径

7. V带传动属于( )。
   A. 电传动　　　　B. 摩擦传动　　　　C. 液压传动　　　　D. 啮合传动

8. 带传动中,弹性滑动的大小随着有效拉力的增大而( )。
   A. 不变　　　　B. 减少　　　　C. 增加　　　　D. 不确定

9. 如果单根 V 带所传递的功率不超过实际所允许传递的功率,则该 V 带传动就不会产生( )失效。
   A. 打滑
   B. 带的疲劳断裂
   C. 带的疲劳断裂和打滑
   D. 塑性破坏

10. 带传动的设计准则为( )。
    A. 保证带传动时,带不被拉断
    B. 保证带传动在不打滑条件下,带不磨损
    C. 保证带在不打滑条件下,具有足够的疲劳强度
    D. 不发生疲劳破坏

11. 带传动的中心距过大时,会导致( )。
    A. 带的寿命缩短
    B. 带在工作时出现颤动
    C. 带的弹性滑动加剧
    D. 带的工作噪声增大

12. V 带的楔角是( )。
    A. 38°　　　　B. 32°　　　　C. 40°　　　　D. 36°

13. 一定型号的 V 带传动,当小带轮转速一定时,其所能传递的功率增量取决于( )。
    A. 传动比
    B. 带的线速度
    C. 大带轮上的包角
    D. 小带轮上的包角

14. 传动比 i 大于 1 的带传动中,带中产生的瞬时最大应力发生在( )处。
    A. 紧边开始离开大带轮
    B. 松边开始离开小带轮
    C. 紧边开始进入小带轮
    D. 松边开始进入大带轮

15. 以下哪个参数与带传动的传动能力无关?( )
    A. 带宽　　　　B. 传动比　　　　C. 张紧力　　　　D. 带速

16. 关于带传动,以下哪项陈述是正确的?( )
    A. 带传动适用于高速、大功率传动
    B. 带的张力越大,传动能力越强
    C. 带的宽度与传动能力成正比
    D. 带传动不会产生滑动

17. 选择 V 带型号时,主要取决于哪些因素?(　　)

　　A. 带的线速度 　　　　　　　　　　　　B. 带的紧边拉力

　　C. 带的有效拉力 　　　　　　　　　　　D. 带传递的功率和小带轮转速

18. 带传动是依靠(　　)来传递运动和功率的。

　　A. 带与带轮接触面之间的正压力 　　　B. 带与带轮接触面之间的摩擦力

　　C. 带的紧边拉力 　　　　　　　　　　　D. 带的松边拉力

19. 带张紧的目的是(　　)。

　　A. 减轻带的弹性滑动 　　　　　　　　　B. 提高带的寿命

　　C. 改变带的运动方向 　　　　　　　　　D. 使带具有一定的初拉力

20. 与平带传动相比较,V 带传动的优点是(　　)。

　　A. 传动效率高 　　　　　　　　　　　　B. 带的寿命长

　　C. 带的价格便宜 　　　　　　　　　　　D. 承载能力大

21. 中心距一定的带传动,小带轮上包角的大小主要由(　　)决定。

　　A. 小带轮直径 　　　　　　　　　　　　B. 大带轮直径

　　C. 两带轮直径之和 　　　　　　　　　　D. 两带轮直径之差

22. 两带轮直径一定时,减小中心距将引起(　　)。

　　A. 带的弹性滑动加剧 　　　　　　　　　B. 带传动效率降低

　　C. 带工作噪声增大 　　　　　　　　　　D. 小带轮上的包角减小

23. 一定型号 V 带内弯曲应力的大小与(　　)成反比关系。

　　A. 带的线速度 　　　　　　　　　　　　B. 带轮的直径

　　C. 小带轮上的包角 　　　　　　　　　　D. 传动比

24. 带传动在工作时,假定小带轮为主动轮,则带内应力的最大值发生在带(　　)。

　　A. 进入大带轮处 　　　　　　　　　　　B. 紧边进入小带轮处

　　C. 离开大带轮处 　　　　　　　　　　　D. 离开小带轮处

25. 带传动产生弹性滑动的原因是(　　)。

　　A. 带与带轮间的摩擦系数较小 　　　　　B. 带绕过带轮产生了离心力

　　C. 带的紧边和松边存在拉力差 　　　　　D. 带传递的中心距大

26. 带传动中,在预紧力相同的条件下,V 带比平带能传递较大的功率,是因为 V 带(　　)。

　　A. 强度高 　　　　　　　　　　　　　　B. 尺寸小

　　C. 有楔形增压作用 　　　　　　　　　　D. 没有接头

三、填空题

1. 带传动中的弹性滑动是由（　　　　　）产生的，可引起（　　　　　）、（　　　　　）等后果，可以通过（　　　　　）来降低。

2. 带传动设计中，应使小带轮直径 $d \geqslant d_{min}$，这是因为（　　　　　）；应使传动比 $i \leqslant 7$，这是因为（　　　　　）。

3. 带传动中，带上受的三种应力是（　　　　　）、（　　　　　）和（　　　　　），最大应力等于（　　　　　），它发生在（　　　　　）处，若带的许用应力小于它，将导致带的（　　　　　）失效。

4. V 带传动的主要失效形式是（　　　　　）和（　　　　　）。

5. 皮带传动中，带横截面内的最大拉应力发生在（　　　　　）；皮带传动的打滑总是发生在（　　　　　）之间。

6. 皮带传动中，预紧力 F_0 过小，则带与带轮间的（　　　　　）减小，皮带传动易出现（　　　　　）现象而导致传动失效。

7. 圆带的材料包括（　　　　　），其多用于（　　　　　）功率场合。

8. 正是由于（　　　　　）现象，使带传动的传动比不准确。

9. V 带传动的张紧可采用的方式主要有（　　　　　）和（　　　　　）。

10. 与带传动相比，链传动无（　　　　　）和（　　　　　）现象，工作可靠，具有准确的（　　　　　），传动效率较高。

11. 在带传动中，弹性滑动和滑动率的大小与（　　　　　）和（　　　　　）的拉力差有关，随着传递（　　　　　）的增大，弹性滑动和滑动率也将增大。

12. 单根 V 带所能传递的功率主要取决于（　　　　　）和（　　　　　）。

13. 带传动的设计准则是：在保证带传动在工作时（　　　　　）的条件下，具有一定的（　　　　　）和（　　　　　）。

14. 同步带传动是利用带上凸齿与带轮槽相互（　　　　　）作用来传动的。

15. 窄 V 带与普通 V 带相比，其传动承载能力（　　　　　）。

16. 在设计 V 带传动时，V 带的型号是根据（　　　　　）和（　　　　　）选取的。

17. V 带传动是靠带与带轮接触面间的（　　　　　）工作的。V 带的工作面是（　　　　　）面。

18. 通常带传动松边布置在（　　　　　），链传动松边布置在（　　　　　）。

19. 在由齿轮传动、带传动和链传动构成的多级传动系统中，齿轮传动一般放在中速级；带传动一般放在（　　　　　）级；链传动一般放在（　　　　　）级。

20. 在传动比不变的条件下,V带传动的中心距增大,则小轮的包角(　　　　),因而承载能力(　　　　)。

21. 同步带传动又叫作(　　　　),通过(　　　　)传递运动。

22. 从结构上看,带轮由(　　　　)、轮辐和(　　　　)三部分组成。

23. 多楔带兼有平带(　　　　)和V带(　　　　)的优点,并解决了多根带(　　　　)的问题。

四、简答题

1. 简述齿轮传动、带传动的设计准则。

2. 在设计V带传动时,很少采用10根以上的V带,为什么要限制带的根数?

3. 带传动中的弹性滑动是如何发生的?打滑又是如何发生的?两者有何区别?对带传动各产生什么影响?打滑首先发生在哪个带轮上?为什么?

4. 在设计带传动时,为什么要限制小带轮最小直径和带的最小速度、最大速度?

5. 带传动为什么必须要张紧?常用的张紧装置有哪些?

6. 带传动中,小带轮齿数为何不宜太小也不能过大?

7. 在带传动中,为什么要限制其最小中心距和最大传动比?

五、计算题

1. 带传动功率 $P = 5$ kW，已知 $n_1 = 400$ r/min，$d_1 = 450$ mm，$d_2 = 650$ mm，中心距 $a = 1\ 500$ mm，$f_v = 0.2$，求带速 v、包角 α 和有效拉力 F 及所需的预紧力 F_0。

2. 一带传动，传递的最大功率 $P = 5$ kW，主动轮 $n_1 = 350$ r/min，$D_1 = 450$ mm，传动中心距 $a = 800$ mm，从动轮 $D_2 = 650$ mm，带与带轮的当量摩擦系数 $f_v = 0.2$，求带速、小带轮包角 α_1 及即将打滑的临界状态时紧边拉力 F_1 与松边拉力 F_2 的关系。

3. 皮带传动包角大小为 $180°$，带与带轮的当量摩擦系数为 $f_v = 0.512\ 3$，若带的初拉力 $F_0 = 100$ N，不考虑离心力的影响，传递有效圆周力 $F_e = 130$ N 时，带传动是否打滑？为什么？

4. 图(a)所示为减速带传动，图(b)所示为增速带传动，中心距相同。设带轮直径 $d_1 = d_4$，$d_2 = d_3$，带轮 1 和带轮 3 为主动轮，它们的转速均为 n。其他条件相同情况下，试分析：
   (1)哪种传动装置传递的圆周力大？为什么？
   (2)哪种传动装置传递的功率大？为什么？
   (3)哪种传动装置的带寿命长？为什么？

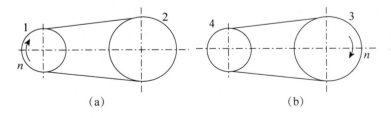

5. V带传动的 $n_1 = 1\,450$ r/min,带与带轮的当量摩擦系数 $f_v = 0.51$,包角 $\alpha = 180°$,初拉力 $F_0 = 360$ N。试问:(1)该传动所能传递的最大有效拉力为多少?(2) $d_{d1} = 100$ mm,其传递的最大转矩为多少?(3)若传动效率为 0.95,弹性滑动忽略不计,从动轮输出功率为多少?

6. V带传动的功率 $P = 7.5$ kW,带速 $v = 10$ m/s,紧边拉力是松边拉力的两倍,即 $F_1 = 2F_2$,试求紧边拉力 F_1、有效拉力 F_e 和初拉力 F_0。

7. 已知V带传动的 $n_1 = 1\,450$ r/min, $n_2 = 400$ r/min, $d_{d1} = 180$ mm,中心距 $a = 1\,600$ mm,V带为B型,根数 $z = 2$,工作时有振动,一天运转16 h(即两班制),试求带能传递的功率。

8. 已知带传动的功率 $P = 7.5$ kW,主动轮直径 $d_1 = 100$ mm,转速 $n_1 = 1\,200$ r/min,紧边拉力 F_1 是松边拉力 F_2 的两倍,试求 F_1、F_2 的值。

9. 有一V带传动,传动功率为 $P = 3.2$ kW,带的速度为 $v = 8.2$ m/s,带的根数 $z = 4$。安装时测得预紧力 $F_0 = 120$ N。试计算有效拉力 F_e、紧边拉力 F_1 和松边拉力 F_2。

第七章　链传动

一、判断题

1. 在链传动中,张紧轮宜紧压在松边靠近小链轮处。　　　　　　　　　　　　（　　）
2. 在链传动中,当主动链轮匀速回转时,链速是变化的。　　　　　　　　　　（　　）
3. 链传动比齿轮传动更适合在恶劣环境下使用。　　　　　　　　　　　　　　（　　）
4. 链传动是啮合传动,因此瞬时链速及瞬时传动比都是恒定的。　　　　　　　（　　）
5. 与链传动相比较,带传动的优点是传动平稳、传动效率高。　　　　　　　　（　　）

二、选择题

1. 滚子链传动中,链节数应尽量避免采用奇数,这主要是因为采用过渡链节后（　　）。
   A. 制造困难　　　　　　　　　　　　B. 要使用较长的销轴
   C. 不便于装配　　　　　　　　　　　D. 链板要产生附加的弯曲应力
2. 在滚子链传动的设计中,为了减小附加动载荷,应（　　）。
   A. 增大链节距和链轮齿数　　　　　　B. 增大链节距并减小链轮齿数
   C. 减小链节距和链轮齿数　　　　　　D. 减小链节距并增加链轮齿数
3. 下列哪种传动方式适用于大距离动力传递?（　　）
   A. 齿轮传动　　　　　　　　　　　　B. 带传动
   C. 链传动　　　　　　　　　　　　　D. 螺旋传动
4. 链传动设计中,限制链轮的最多齿数不超过120,是为了（　　）。
   A. 减少链传动的不均匀性
   B. 保证链轮轮齿的强度
   C. 减小链节磨损后链从链轮上脱落下来的可能性
   D. 方便加工
5. 链传动中,限制链轮最少齿数的目的之一是（　　）。
   A. 防止润滑不良时轮齿加速磨损　　　B. 减少链传动的运动不均匀性和动载荷
   C. 使小链轮轮齿受力均匀　　　　　　D. 防止链节磨损后脱链
6. 链传动中,最适宜的中心距是（　　）。
   A. $(50\sim80)p$　　　　　　　　　　B. $(30\sim50)p$
   C. $(10\sim20)p$　　　　　　　　　　D. $(20\sim30)p$

7. 设计链传动时,链节数最好取( )。

   A. 质数   B. 偶数

   C. 奇数   D. 链轮齿数的整数倍

8. 多排链排数一般不超过 3 或 4,主要是为了( )。

   A. 使各排受力均匀   B. 减轻链的重量

   C. 不使轴向过宽   D. 安装方便

9. 链传动中,F_1 为工作拉力,作用在轴上的载荷 F_Q 可近似地取为( )。

   A. $1.2F_1$ B. F_1 C. $2F_1$ D. $2.5F_1$

10. 链传动张紧的主要目的是( )。

    A. 增大包角

    B. 避免松边垂度过大而引起啮合不良和链条振动

    C. 提高链传动工作能力

    D. 同带传动一样

11. 与链传动相比较,带传动的优点是( )。

    A. 工作平稳,基本无噪声   B. 承载能力大

    C. 传动效率高,使用寿命长   D. 对轴径载荷小

12. 大链轮的齿数不能取得过大的原因是( )。

    A. 齿数越大,链条的磨损就越大

    B. 齿数越大,链传动的动载荷与冲击就越大

    C. 齿数越大,链传动的噪声就越大

    D. 齿数越大,链条磨损后,越容易发生"脱链"现象

13. 链传动中心距过小的缺点是( )。

    A. 链条工作时易颤动,运动不平稳

    B. 链条运动不均匀性和冲击作用增强

    C. 小链轮上的包角小,链条磨损快

    D. 容易发生"脱链"现象

14. 两轮轴线不在同一水平面的链传动,链条的紧边应布置在上面,松边应布置在下面,这样可以使( )。

    A. 链条平稳工作,降低运行噪声

    B. 松边下垂量增大后不致与链轮卡死

    C. 链条的磨损减小,链传动达到自动张紧的目的

    D. 链条不抖动,不产生多边形效应

15. 链条由于静强度不够而被拉断的现象,多发生在( )情况下。
   A. 低速重载　　　　　　　　　　　　B. 高速重载
   C. 高速轻载　　　　　　　　　　　　D. 低速轻载

16. 链条在小链轮上包角过小的缺点是( )。
   A. 链条易从链轮上滑落
   B. 链条易被拉断,承载能力低,同时啮合的齿数少
   C. 链条和轮齿的磨损快
   D. 传动的不均匀性增大

17. 链传动作用在轴和轴承上的载荷比带传动要小,这主要是因为( )。
   A. 链传动只用来传递较小功率
   B. 链速较高,在传递相同功率时,圆周力小
   C. 链传动是啮合传动,无须大的张紧力
   D. 链的质量大,离心力大

18. 低速链传动中(v<0.6 m/s),链的主要破坏形式是( )。
   A. 冲击破坏　　　　　　　　　　　　B. 胶合
   C. 链条铰链的磨损　　　　　　　　　D. 过载拉断

19. 在一定转速下,要减轻链传动的运动不均匀性和动载荷,应( )。
   A. 增大链条节距和链轮齿数　　　　　B. 减小链条节距和链轮齿数
   C. 增大链条节距,减小链轮齿数　　　D. 减小链条节距,增大链轮齿数

20. 链条铰链(或铰链销轴)的磨损,使链节距伸长到一定程度时(或使链节距过度伸长时)会( )。
   A. 导致内外链板破坏
   B. 导致套筒破坏
   C. 导致销轴破坏
   D. 使链条铰链与轮齿的啮合情况变坏,从而发生跳齿现象

三、填空题

1. 链条的长度以( )来表示,一般应尽量避免( )节。
2. 滚子链传动最主要的参数是( )。
3. 链传动水平布置时,最好( )在上,( )在下。
4. 链传动中的节距越大,链条中各零件尺寸越大,链传动的运动不均匀性( )。

四、简答题

1. 什么是链传动的多边形效应?多边形效应对链传动有什么影响?

2. 链传动有哪些特点?有哪些优缺点?

3. 链传动的主要参数是什么?为什么链条的节数最好取偶数,而链轮齿数最好取奇数?

4. 简述链传动的布置原则。

5. 与滚子链相比,齿形链有哪些优点和缺点?

6. 链传动的主要失效形式有哪些?

第八章　齿轮传动

一、判断题

1. 在渐开线圆柱齿轮传动中,相啮合的大小齿轮工作载荷相同,所以二者的齿根弯曲应力以及齿面接触应力也分别相等。（　　）
2. 齿轮的模数越大,齿轮的齿数越多。（　　）
3. 闭式软齿面齿轮传动设计中,小齿轮齿数的选择应以不根切为原则,尽量少些。（　　）
4. 影响齿轮动载荷系数 K_v 大小的主要因素是圆周速度和安装刚度。（　　）
5. 由于锥齿轮的几何尺寸是以大端为标准的,因此受力分析也在大端上进行。（　　）
6. 齿轮传动中,经过热处理的齿面称为硬齿面,而未经过热处理的齿面称为软齿面。（　　）
7. 标准齿轮不能与变位齿轮正确啮合。（　　）
8. 齿轮传动的标准安装是指分度圆与节圆重合。（　　）
9. 渐开线齿廓形状取决于分度圆直径大小。（　　）
10. 齿轮传动在保证接触强度和弯曲强度的条件下,应采用较小的模数和较多的齿数,以便改善传动性能、节省制造费用。（　　）
11. 负变位齿轮分度圆齿槽宽小于标准齿轮的分度圆齿槽宽。（　　）
12. 齿轮传动中,主动齿轮齿面上产生塑性变形后,齿面节线附近被碾出沟槽。（　　）
13. 一对齿轮传动中,若材料不同,则小齿轮和大齿轮的接触应力亦不同。（　　）
14. 采用闭式齿轮传动可以有效地避免齿面磨粒磨损。（　　）
15. 对于开式齿轮传动,由于齿面磨损较快,故很少出现点蚀。（　　）

二、选择题

1. 关于齿轮传动,以下哪项陈述是正确的？（　　）
   A. 齿轮传动不会产生背隙　　　　　　　B. 齿轮的模数越大,齿轮越小
   C. 齿轮的传动比与齿数成反比　　　　　D. 齿轮的齿面硬度越高,磨损越快
2. 齿轮传动中,通常开式传动的主要失效形式为（　　）。
   A. 轮齿折断　　　　　　　　　　　　　B. 齿面点蚀
   C. 齿面磨损　　　　　　　　　　　　　D. 齿面胶合
3. 在一般工作条件下,齿面硬度 HBS≤ 350 的闭式齿轮传动,通常的主要失效形式为（　　）。
   A. 轮齿疲劳折断　　B. 齿面疲劳点蚀　　C. 齿面胶合　　D. 齿面塑性变形

4. 齿轮正变位可以（　　）。
   A. 提高齿轮传动的重合度　　　　　　B. 提高从动齿轮转速
   C. 改变齿廓形状　　　　　　　　　　D. 提高其承载能力

5. 闭式软齿面齿轮传动的主要失效形式是（　　）。
   A. 齿面胶合　　　　　　　　　　　　B. 齿面点蚀
   C. 齿根折断　　　　　　　　　　　　D. 齿面磨损

6. 一对啮合传动齿轮的材料应（　　）。
   A. 小齿轮材料力学性能略好　　　　　B. 相同
   C. 大、小齿轮材料不同　　　　　　　D. 大齿轮材料力学性能略好

7. 使渐开线齿廓得以广泛应用的主要原因之一是（　　）。
   A. 中心距可分性　　　　　　　　　　B. 齿轮啮合重合度大于1
   C. 啮合角为一定值　　　　　　　　　D. 啮合线过两齿轮基圆公切线

8. 一对齿轮啮合时，两齿轮的（　　）始终相切。
   A. 分度圆　　　B. 基圆　　　C. 节圆　　　D. 齿根圆

9. 当两轴距离较远，且要求传动比准确时，宜采用（　　）。
   A. 带传动　　　　　　　　　　　　　B. 一对齿轮传动
   C. 轮系传动　　　　　　　　　　　　D. 螺纹传动

10. 对于开式齿轮传动，在工程设计中，一般（　　）。
    A. 按接触强度设计齿轮尺寸，再校核弯曲强度
    B. 按弯曲强度设计齿轮尺寸，再校核接触强度
    C. 只需按接触强度设计
    D. 只需按弯曲强度设计

11. 一对标准直齿圆柱齿轮，已知 $z_1=18$，$z_2=72$，则这对齿轮的弯曲应力（　　）。
    A. $\sigma_{F_1}>\sigma_{F_2}$　　B. $\sigma_{F_1}<\sigma_{F_2}$　　C. $\sigma_{F_1}=\sigma_{F_2}$　　D. $\sigma_{F_1}\leqslant\sigma_{F_2}$

12. 一对标准渐开线圆柱齿轮要正确啮合时，它们的（　　）必须相等。
    A. 直径　　　B. 模数　　　C. 齿宽　　　D. 齿数

13. 在设计闭式硬齿面传动中，当直径一定时，应取较少的齿数，使模数增大以（　　）。
    A. 提高齿面接触强度　　　　　　　　B. 提高轮齿的抗弯曲疲劳强度
    C. 减少加工切削量，提高生产率　　　D. 提高抗塑性变形能力

14. 在直齿圆柱齿轮设计中，若中心距保持不变，把模数增大，则可以（　　）。
    A. 提高齿面接触强度　　　　　　　　B. 提高轮齿的弯曲强度
    C. 弯曲强度与接触强度均可提高　　　D. 弯曲强度与接触强度均不变

15. 当( )时,齿根弯曲强度增大。
    A. 模数不变,增多齿数 B. 模数不变,增大中心距
    C. 模数不变,增大直径 D. 齿数不变,增大模数

16. 轮齿弯曲强度计算中齿形系数与( )无关。
    A. 齿数   B. 变位系数   C. 模数   D. 斜齿轮的螺旋角

17. 齿轮传动在以下几种工况中,( )的齿宽系数可取大些。
    A. 悬臂布置   B. 不对称布置   C. 对称布置   D. 同轴式减速器布置

18. 直齿锥齿轮强度计算时,是以( )为计算依据的。
    A. 大端当量直齿锥齿轮 B. 齿宽中点处的直齿圆柱齿轮
    C. 齿宽中点处的当量直齿圆柱齿轮 D. 小端当量直齿锥齿轮

19. 以下哪种传动方式适用于高速、大功率传动?( )
    A. 带传动   B. 链传动   C. 齿轮传动   D. 蜗杆传动

20. 以下哪种传动方式不属于摩擦传动?( )
    A. 摩擦式离合器传动   B. 带传动
    C. 链传动   D. 摩擦轮传动

21. 以下哪种传动方式在传递动力时效率最高?( )
    A. 带传动   B. 链传动   C. 齿轮传动   D. 液压传动

22. 在齿轮传动中,以下哪个参数决定了齿轮的大小?( )
    A. 模数   B. 压力角   C. 齿数   D. 分度圆直径

23. 开式齿轮传动中,轮齿的主要失效形式是( )。
    A. 胶合和齿面塑性变形   B. 点蚀和弯曲疲劳折断
    C. 胶合和点蚀   D. 弯曲疲劳折断和磨粒磨损

24. 选择齿轮传动的平稳性精度等级时,主要依据( )。
    A. 传递的功率   B. 圆周速度   C. 转速   D. 承受的转矩

25. 在齿轮传动中,为了减小动载荷系数K_V,可采取的措施有( )。
    A. 提高齿轮的制造精度   B. 减小齿轮平均单位载荷
    C. 减小外加载荷的变化幅度   D. 增大齿轮的圆周速度

26. 除了调质以外,软齿面齿轮常用的热处理方法还有( )。
    A. 表面淬火   B. 渗氮   C. 正火   D. 碳氮共渗

27. 高速重载齿轮传动,当润滑不良时,最可能出现的失效形式是( )。
    A. 齿面胶合   B. 齿面疲劳点蚀
    C. 齿面磨损   D. 轮齿疲劳折断

三、填空题

1. 齿轮的齿面硬度一般应比齿心硬度（　　　　）。
2. 在直齿圆柱齿轮传动的接触疲劳强度计算中，以（　　　　）为计算点，把一对轮齿的啮合简化为两个（　　　　）相接触的模型。
3. 按轴线的相互关系，齿轮传动分为（　　　　）、（　　　　）和（　　　　）；按工作条件，齿轮传动分为（　　　　）和（　　　　）；按齿面硬度，齿轮传动分为（　　　　）和（　　　　）。
4. 在齿轮传动中，齿面常见的失效形式有（　　　　）、（　　　　）、（　　　　）和（　　　　）。
5. 齿轮表面硬化的方式有（　　　　）、（　　　　）和（　　　　）。
6. 齿轮传动设计时，软齿面闭式传动通常先按（　　　　）设计公式确定传动尺寸，然后验算轮齿弯曲强度。
7. 圆柱齿轮设计时，齿宽系数 $\Phi_d = b/d_1$，b 愈宽，承载能力也愈（　　　　），但使（　　　　）现象严重。选择 Φ_d 的原则是：两齿面均为硬齿面时，Φ_d 取偏（　　　　）值；精度高时，Φ_d 取偏（　　　　）值；对称布置比悬臂布置取偏（　　　　）值。
8. 在齿轮强度计算中，载荷系数 K 主要由（　　　　）、（　　　　）、（　　　　）和（　　　　）相乘获得。
9. 轮齿折断有（　　　　）和（　　　　）。
10. 常用的齿轮材料有（　　　　）、（　　　　）、（　　　　）。
11. 一般齿轮设计按（　　　　）准则计算。
12. 与其他传动形式相比，齿轮传动的主要优点是（　　　　）、（　　　　）、（　　　　）和（　　　　）。

四、简答题

1. 简述齿轮传动、带传动的失效形式。

2. 齿轮传动的主要特点是什么？

3. 磨损有哪几种？

4. 针对轮齿折断、齿面磨损、齿面点蚀造成齿轮传动的失效,我们在设计中采用哪些应对方法?

5. 简述为什么开式齿轮传动一般不会出现点蚀现象。

6. 在两级圆柱齿轮传动中,若有一级为斜齿,另一级为直齿,试问斜齿圆柱齿轮应置于高速级还是低速级?为什么?若为直齿锥齿轮和圆柱齿轮所组成的两级传动,锥齿轮应置于高速级还是低速级?为什么?

7. 在进行齿轮强度计算时,为什么要引入载荷系数 K?载荷系数 K 由哪几部分组成?各考虑了什么因素的影响?

8. 在什么工况下工作的齿轮易出现胶合破坏?胶合破坏通常出现在齿轮什么部位?如何提高齿轮齿面抗胶合的能力?

9. 齿轮在毛坯成形方法及热处理和制造工艺方面应注意哪些事项?

10. 闭式齿轮传动与开式齿轮传动的失效形式和设计准则有何不同?

11. 在直齿、斜齿圆柱齿轮传动中,为什么常将小齿轮设计得比大齿轮宽一些?

12. 直齿圆柱齿轮传动的失效形式有哪些?闭式硬齿面齿轮传动的设计准则是什么?

13. 在两级展开式平行轴斜齿圆柱齿轮减速箱设计中,如果采用硬齿面,齿轮的齿数应该取多一些还是取少一些,为什么?

14. 有一闭齿轮传动,满载工作几个月后发现在硬度为 220～240 HBS 的齿轮上出现了小凹坑,问:
    (1)这个齿轮是软齿面还是硬齿面?
    (2)这是什么现象?
    (3)如何判断该齿轮是否可以继续使用?
    (4)应采取什么措施?

15. 在如图所示的带式传统机械设计方案(a)中各部分承载能力正好满足设计要求装配时,错装成了方案(b),问:
    (1)错装的方案(b)是否可行?
    (2)方案(b)中带传动和齿轮传动能否适用,为什么?

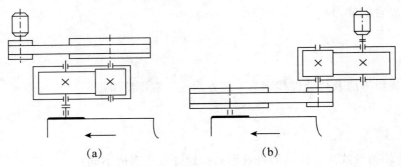

(a)　　　　　　(b)

16. 提高齿轮的抗弯疲劳强度和齿面抗点蚀能力有哪些可行的措施?

五、计算题

1. 设计某装置的单级斜齿圆柱齿轮减速器,已知输入功率 $P_1 = 5.5 \text{ kW}$,转速 $n_1 = 480 \text{ r/min}$, $n_2 = 150 \text{ r/min}$,初选参数 $z_1 = 28, \beta = 12°$,齿宽系数 $\Phi_d = 1.1$,按齿面接触疲劳强度计算得小齿轮分度圆直径 $d_1 \geqslant 70.13 \text{ mm}$。求:

   (1) 法面模数 m_n [标准模数(第一系列):…,1.5,2,2.5,3,3.5,4,…];

   (2) 中心距 a(取整数);

   (3) 螺旋角 β(精确到秒);

   (4) 小齿轮和大齿轮的齿宽 B_1 和 B_2。

2. 有一闭式软齿面直齿圆柱齿轮传动,传递的扭矩 $T_1 = 120\,000 \text{ N·mm}$,按其接触疲劳强度计算,小齿轮分度圆直径 $d_1 \geqslant 60 \text{ mm}$。已知载荷系数 $K = 1.8$,重合度系数 $Y_\varepsilon = 1$,齿宽系数 $\Phi_d = 1$,两轮许用弯曲应力 $\sigma_{FP1} = 315 \text{ MPa}$, $\sigma_{FP2} = 300 \text{ MPa}$,现有三种方案:

   (1) $z_1 = 40, z_2 = 80, m = 1.5 \text{ mm}, Y_{Fa1}Y_{sa1} = 4.07, Y_{Fa2}Y_{sa2} = 3.98$;

   (2) $z_1 = 30, z_2 = 60, m = 2 \text{ mm}, Y_{Fa1}Y_{sa1} = 4.15, Y_{Fa2}Y_{sa2} = 4.03$;

   (3) $z_1 = 20, z_2 = 40, m = 3 \text{ mm}, Y_{Fa1}Y_{sa1} = 4.37, Y_{Fa2}Y_{sa2} = 4.07$。

   请选择最佳方案,并简要说明原因。

3. 如图所示的锥—圆柱齿轮减速器,已知高速级传动比 $i_1=2$,输入轴转速 n_1,转矩 T_1,其中轴承效率为 η_1,齿轮效率为 η_2(设 $\eta_1=\eta_2=1$),低速级为斜齿圆柱齿轮。

(1)试画出Ⅱ、Ⅲ轴的转向;

(2)为使Ⅱ轴上轴承所受的轴向力较小,画出齿轮 3 和齿轮 4 的螺旋线方向;

(3)画出Ⅱ轴上齿轮 2 和齿轮 3 啮合点处的受力方向,各用三个分力表示。

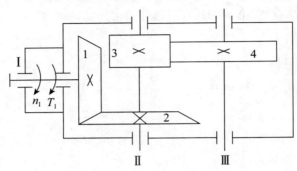

4. 图示为两级斜齿轮传动,由电动机带动的齿轮 1 转向及轮齿方向如图所示。今欲使轴Ⅱ上传动件轴向力完全抵消,试求:

(1)斜齿轮 3 和斜齿轮 4 轮齿的旋向;

(2)斜齿轮 3 和斜齿轮 4 螺旋角的大小。

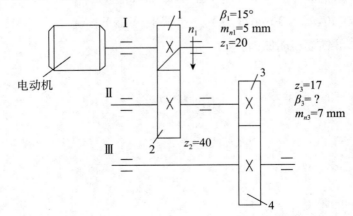

5. 齿轮与蜗杆传动如图所示。已知输入轴转速 $n=960$ r/min，输入功率 $P=3$ kW，齿轮齿数 $z_1=21$，$z_2=62$，法向模数 $m_n=2.5$ mm，分度圆螺旋角 $\beta=8.849\,725°$，蜗杆头数 $z_3=2$，蜗轮齿数 $z_4=40$，模数 $m=6$ mm，蜗杆直径系数 $q=10$，当量摩擦角 $\rho'=2°$。

(1) 计算大斜齿圆柱齿轮上的 3 个分力的大小；

(2) 计入蜗杆传动的啮合效率（忽略轮传动的合效及轴承效率），求蜗轮轴上的输出转矩。

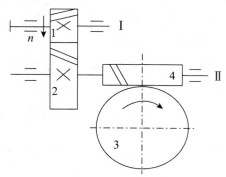

第九章　蜗轮蜗杆传动

一、判断题

1. 在蜗杆传动中,蜗杆头数越少,则自锁性越差。（　　）
2. 在蜗杆、链两级传动中,宜将链传动布置在高速级。（　　）
3. 在闭式蜗杆传动中,轮齿承载能力的计算主要是针对蜗轮轮齿来进行的。（　　）
4. 在蜗杆传动中,蜗杆头数越少,则传动效率越低。（　　）
5. 在蜗杆传动中,当需要自锁时,应使蜗杆导程角不大于当量摩擦角。（　　）
6. 蜗杆头数越多,效率越高。（　　）
7. 蜗杆头数越多,效率越低。（　　）
8. 若要求蜗杆有自锁性,则应选择双头蜗杆。（　　）
9. 相啮合的蜗杆和蜗轮的螺旋角必须大小相等,旋向相反。（　　）
10. 设计蜗杆传动时,为了提高传动效率,可以增加蜗杆的头数。（　　）

二、选择题

1. 对于相对滑动速度较高（$v_s > 6$ m/s）的重要蜗杆传动,蜗轮材料应选用（　　）。
   A. 铸锡青铜　　　　　B. 铸铝铁青铜　　　　　C. 铸铁　　　　　D. 碳钢
2. 在润滑良好的条件下,为提高蜗杆传动的啮合效率,可采用的方法为（　　）。
   A. 减小齿面滑动速度 v_s
   B. 减少蜗杆头数 z_1
   C. 增加蜗杆头数 z_1
   D. 增大蜗杆直径系数 q
3. 动力传动蜗杆传动的传动比的范围通常为（　　）。
   A. 小于1　　　　　B. 1～8　　　　　C. 8～80　　　　　D. 80～120
4. 与齿轮传动相比,（　　）不是蜗杆传动的优点。
   A. 传动平稳,噪声小
   B. 传动比大
   C. 可产生自锁
   D. 传动效率高
5. 在标准蜗杆传动中,蜗杆头数 z_1 一定时,若增大蜗杆直径系数 q,将使传动效率（　　）。
   A. 提高　　　　　B. 降低　　　　　C. 不变　　　　　D. 可能提高也可能降低
6. 在蜗杆传动中,当其他条件相同时,增加蜗杆头数 z_1,则传动效率（　　）。
   A. 降低
   B. 提高
   C. 不变
   D. 可能提高也可能降低

7. 蜗杆直径系数 $q=$ （　　）。

　　A. d_1/m　　　　　　B. $d_1 m$　　　　　　C. a/d_1　　　　　　D. a/m

8. 起吊重物用的手动蜗杆传动装置,宜采用（　　）的蜗杆。

　　A. 单头、小导程角　　　　　　　　B. 单头、大导程角

　　C. 多头、小导程角　　　　　　　　D. 多头、大导程角

9. 在蜗杆传动中,当其他条件相同时,增加蜗杆头数,则滑动速度（　　）。

　　A. 增大　　　　　　　　　　　　　B. 不变

　　C. 减小　　　　　　　　　　　　　D. 可能增大也可能减小

10. 在蜗杆传动设计中,蜗杆头数 z_1 设计多一些,则（　　）。

　　A. 有利于蜗杆加工　　　　　　　　B. 有利于提高蜗杆刚度

　　C. 有利于提高传动的承载能力　　　D. 有利于提高传动效率

11. 蜗杆直径系数 q 的标准化,是为了（　　）。

　　A. 保证蜗杆有足够的刚度　　　　　B. 减少加工时蜗轮滚刀的数目

　　C. 提高蜗杆传动的效率　　　　　　D. 减小蜗杆的直径

12. 蜗杆的常用材料是（　　）。

　　A. HT150　　　　　B. 锡青铜　　　　　C. 45 钢　　　　　D. GCr15

13. 要求蜗杆有自锁性,则应选择（　　）。

　　A. 单头蜗杆　　　B. 双头蜗杆　　　C. 三头蜗杆　　　D. 四头蜗杆

14. 蜗杆传动中效率最高的是（　　）。

　　A. 单头蜗杆　　　　　　　　　　　B. 双头蜗杆

　　C. 三头蜗杆　　　　　　　　　　　D. 四头蜗杆

15. 为了减小蜗轮蜗杆的啮合摩擦,常在蜗轮表面镶嵌（　　）。

　　A. 45 号钢　　　　　　　　　　　　B. 巴氏合金

　　C. 锡青铜　　　　　　　　　　　　D. 20Gr

16. 采用变位蜗杆传动时,（　　）。

　　A. 仅对蜗杆进行变位

　　B. 仅对蜗轮进行变位

　　C. 必须同时对蜗杆与蜗轮进行变位

　　D. 对蜗轮进行正变位,对蜗杆进行负变位

17. 提高蜗杆传动效率的主要措施是（　　）。

　　A. 增大模数 m　　　　　　　　　　B. 增加蜗轮齿数 z_2

　　C. 增加蜗杆头数 z_1　　　　　　　D. 增大蜗杆的直径系数 q

18. 对蜗杆传动进行热平衡计算,其主要目的是防止温度过高导致( )。
   A. 材料的机械性能下降　　　　　　　　B. 润滑油变质
   C. 蜗杆热变形过大　　　　　　　　　　D. 润滑条件恶化而产生胶合

19. 蜗杆传动的当量摩擦系数 f_v 随齿面相对滑动速度的增大而( )。
   A. 增大　　　　　　　　　　　　　　　B. 不变
   C. 减小　　　　　　　　　　　　　　　D. 可能增大也可能减小

20. 当两轴线( )时,可采用蜗杆传动。
   A. 相交　　　　B. 90°交错　　　　C. 平行　　　　D. 其他情况都可以

21. 在蜗杆传动中,当需要自锁时,应使蜗杆导程角( )当量摩擦角。
   A. 小于　　　　B. 等于　　　　C. 大于　　　　D. 无法确定

22. 阿基米德蜗杆的( )模数,应该符合标准数值。
   A. 轴向　　　　　　　　　　　　　　　B. 法向
   C. 与轴线成 45°的截面　　　　　　　　D. 与轴线成 20°夹角

23. 在蜗杆传动中,如果模数和蜗杆头数一定,增加蜗杆分度圆直径,将使( )。
   A. 传动效率和蜗杆刚度都降低　　　　　B. 传动效率提高,蜗杆刚度降低
   C. 传动效率和蜗杆刚度都提高　　　　　D. 传动效率降低,蜗杆刚度提高

24. 计算蜗杆传动的传动比时,公式( )是错误的。
   A. $i=z_2/z_1$　　　　　　　　　　　　B. $i=\omega_1/\omega_2$
   C. $i=n_1/n_2$　　　　　　　　　　　　D. $i=d_2/d_1$

25. 为了减少蜗轮滚刀型号,有利于刀具标准化,规定( )为标准值。
   A. 蜗轮齿数　　B. 蜗杆分度圆直径　　C. 蜗杆头数　　D. 蜗轮直径

26. 闭式蜗杆传动的失效形式主要是( )。
   A. 点蚀和磨损　　　　　　　　　　　　B. 点蚀和胶合
   C. 胶合和磨损　　　　　　　　　　　　D. 轮齿折断和塑性变形

27. 蜗杆分度圆直径 d_1 的标准化,是为了( )。
   A. 有利于测量　　　　　　　　　　　　B. 有利于蜗杆加工
   C. 有利于实现自锁　　　　　　　　　　D. 有利于蜗轮滚刀的标准化

28. 蜗杆传动的油温最高不应超过( )。
   A. 30 ℃　　　　B. 50 ℃　　　　C. 80 ℃　　　　D. 120 ℃

29. 蜗杆传动中较为理想的材料组合是( )。
   A. 钢和铸铁　　　　　　　　　　　　　B. 钢和青铜
   C. 铜和铝合金　　　　　　　　　　　　D. 钢和钢

三、填空题

1. 蜗杆传动的主要缺点是齿面间的（　　　　）很大，因此导致传动的（　　　　）较低、温度较高。
2. 蜗杆传动的失效形式有（　　　　）、（　　　　）、（　　　　）、（　　　　）、（　　　　）。
3. 在垂直交错的蜗杆传动中，蜗杆分度圆柱的螺旋升角与蜗轮的分度圆螺旋角的关系是（　　　　）。
4. 蜗杆传动中最主要的功率损耗为（　　　　）。
5. 在蜗轮表面加锡青铜是为了（　　　　）。

四、简答题

1. 蜗轮蜗杆传动的特点是什么？

2. 蜗杆传动类型选择的原则是什么？

3. 蜗杆传动当温度太高且有效散热面积不足时采用什么办法解决？

4. 闭式蜗杆传动的功率损耗主要包括哪三部分？

5. 蜗杆传动中为何常以蜗杆为主动件？蜗轮能否作为主动件？为什么？

6. 蜗杆传动设计时，为什么要引入蜗杆直径系数 q？

五、计算题

1. 图示为一手动提升机构,已知卷筒直径 $D=200$ mm,$z_1=20$,$z_2=60$,$z_3=1$,$z_4=60$,$q=13$,重物 $G=20$ kN,蜗轮直径 $d_4=240$ mm,$\alpha=20°$,传动系统总效率 $\eta=0.35$,蜗杆传动齿面之间当量摩擦系数 $f_v=0.15$。求:

(1)匀速提升重物时,加在手柄上的推力 F(切向力)至少需多大?手柄应向哪个方向转动?(在图中画出)

(2)该机构中齿轮和蜗杆传动的计算准则是什么?

(3)蜗杆传动是否能自锁?

(4)分析重物停在半空时(手柄没有推力)蜗轮轮齿上所受的力(用三个分力表示方向,不要求大小)。

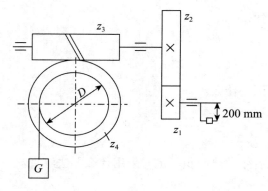

2. 有一提升装置,如图所示。已知:卷筒由 6 个均布于 $D_0=240$ mm 圆周上的 M12 螺栓($d_1=10.106$ mm)连接于蜗轮上,卷筒直径 $d=200$ mm,卷筒转速 $n=85$ r/min,接合面间摩擦系数 $f=0.15$,可靠性系数 $K_s=1.2$,螺栓材料的许用拉伸应力 $[\sigma]=120$ MPa,起吊的最大载荷 $W_{max}=6200$ N,蜗杆轮齿螺旋线方向为右旋,齿轮传动效率 $\eta_{齿轮}=0.95$,蜗杆传动效率 $\eta_{蜗杆}=0.42$,轴承总体效率 $\eta_{轴承}=0.98$,卷筒效率 $\eta_{卷筒}=0.95$,齿轮的模数为 3 mm,齿数 $z_1=21$,$z_2=84$,中心距 $a=160$ mm。

(1)试确定重物上升时电动机的转动方向(在图上用箭头表示);

(2)根据使 I 轴上的合力最小条件,确定齿轮1、齿轮2的轮齿螺旋线方向(在图上用细斜线表示),并求出螺旋角 β 的大小;

(3)试在图中标出重物上升时,蜗杆与蜗轮在节点 C 处受的三对分力(F_a、F_r、F_t)的方向;

(4)当重物匀速上升时,电机的功率 P 为多少?

(5)试校核卷筒与蜗轮连接螺栓的强度。

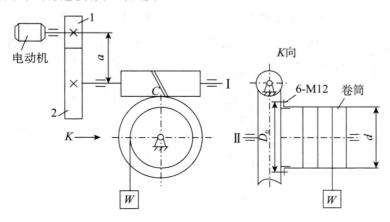

3. 如图所示为蜗杆－斜齿圆柱齿轮－锥齿轮三级传动,已知蜗杆为主动,蜗轮轮齿的旋向如图所示,欲使Ⅱ轴和Ⅲ轴上的轴向力同时最小,试在图中标出:

(1)各轮转向;

(2)斜齿轮 3、4 的齿轮旋向;

(3)各轴向力 F_a 的方向。

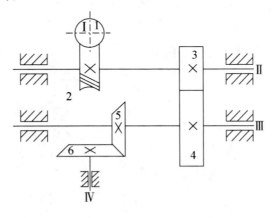

4. 如图所示传动机构当中,蜗杆1为主动,通过蜗轮带动一对锥齿轮传动,锥齿轮4的转向如图所示,试求:

(1) 为使轴Ⅱ上所受的轴向力较小,标明蜗杆1、蜗轮2的旋向;

(2) 在图上标出蜗杆1、蜗轮2及锥齿轮3的转向;

(3) 在图上画出蜗杆1及锥齿轮3啮合点处的作用力(F_t、F_r、F_a)的方向(注:进入纸面的力画⊗,从纸面出的力画⊙)。

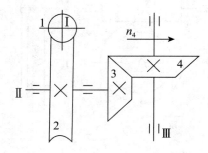

5. 在图中所示传动系统中,1、5为蜗杆,2、6为蜗轮,3、4为斜齿圆柱齿轮,7、8为直齿锥齿轮。已知蜗杆1为主动,锥齿轮8转动方向如图所示,要求各中间轴上齿轮的轴向力能相互抵消一部分。

(1) 在试卷上重新绘制该传动简图;

(2) 确定蜗杆1的转动方向;

(3) 确定斜齿圆柱齿轮3和蜗轮2、蜗轮6的螺旋方向;

(4) 标出斜齿轮3的3个分力方向;

(5) 标出蜗杆1和蜗轮6的圆周力和轴向力方向。

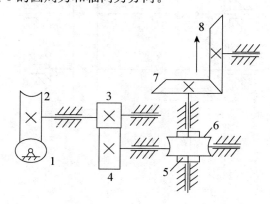

6. 图示为一蜗杆与斜齿轮组合轮系,已知斜齿轮 A 的旋向与转向如图所示,试求:

(1)为使中间轴的轴向力相反,试确定蜗轮旋向及蜗杆转向;

(2)标出 a 点的各受力方向。

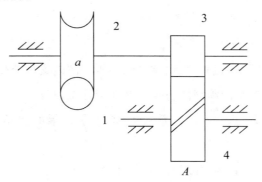

第十章 滑动轴承

一、判断题

1. 流体动压轴承和流体静压轴承都必须用油泵供给压力油以支承外载荷并润滑轴承。（　　）
2. 流体动压润滑径向滑动轴承的承载能力与相对间隙 ψ 成反比。（　　）
3. 流体动压润滑径向滑动轴承的承载量系数 C_p 取决于轴承的包角 α、相对偏心率和宽径比 B/d。（　　）
4. 高速轻载滑动轴承润滑时，宜用黏度较高的润滑油。（　　）
5. 高速重载轴承温度高，轴承宽径比 B/d 宜取小值。（　　）
6. 滑动轴承限制 p 值是为了防止轴承衬过度磨损。（　　）
7. 滑动轴承限制 pv 值的主要目的是防止过度磨损。（　　）
8. 滑动轴承双层或多层金属轴瓦，通常采用巴氏合金来制造轴承衬。（　　）
9. 在高速情况下，滑动轴承润滑油的黏度不应选得较高。（　　）
10. 止推滑动轴承通常做成实心式轴颈。（　　）
11. 油槽一般开在承载区以利于润滑。（　　）
12. 两摩擦表面的粗糙度值越小，则越容易实现液体动力润滑。（　　）

二、选择题

1. 对于径向滑动轴承，（　　）轴承具有结构简单、成本低廉的特点；（　　）轴承必须成对使用。
   A. 整体式　　　　B. 剖分式　　　　C. 调心式　　　　D. 调隙式

2. 润滑油的（　　），又称绝对黏度。
   A. 运动黏度　　　　　　　　B. 动力黏度
   C. 恩格尔黏度　　　　　　　D. 基本黏度

3. 滑动轴承中，当轴转速低、压力大时，应选（　　）。
   A. 黏度较低的油　　　　　　B. 黏度较高的油
   C. 黏度中等的油　　　　　　D. 无须润滑油

4. 液体动力润滑径向滑动轴承最小油膜厚度的计算公式是（　　）。
   A. $h_{\min}=\psi d(1-\chi)$　　　　B. $h_{\min}=\psi d(1+\chi)$
   C. $h_{\min}=\psi d(1-\chi)/2$　　　D. $h_{\min}=\psi d(1+\chi)/2$

5. 在液体动压滑动轴承中,在其他条件不变的情况下,偏心率 χ(相对偏心距 e)愈大,说明( )。
   A. 半径间隙愈大　　　　　　　　　　B. 最小油膜厚度愈小
   C. 轴转速愈高　　　　　　　　　　　D. 相对间隙愈小

6. 设计液体摩擦动压向心滑动轴承时,若通过热平衡计算,发现轴承温度太高,可通过( )来改善。
   A. 改用黏度较高的润滑油　　　　　　B. 增大轴承宽径比
   C. 增大相对间隙　　　　　　　　　　D. 减少供油量

7. 向心滑动轴承的相对间隙 ψ 通常是根据( )进行选择。
   A. 轴承载荷 F 和润滑油的黏度 η　　B. 润滑油的黏度 η 和轴颈转速 n
   C. 轴承载荷 F 和轴颈转速 n　　　　D. 轴承载荷 F 和轴颈直径 d

8. 设计动压向心滑动轴承时,若宽径比 B/d 取得较大,则( )。
   A. 轴承端泄流量大,承载能力低,温升低　　B. 轴承端泄流量小,承载能力高,温升低
   C. 轴承端泄流量大,承载能力低,温升高　　D. 轴承端泄流量小,承载能力高,温升高

9. 下列各种机械设备中,( )只宜采用滑动轴承。
   A. 中、小型减速器齿轮轴　　　　　　B. 电动机转子
   C. 铁道机车车轴　　　　　　　　　　D. 大型水轮机主轴

10. 运动黏度是动力黏度与相同温度下润滑油( )的比值。
    A. 质量　　　　B. 密度　　　　C. 比重　　　　D. 流速

11. 减小滑动轴承的相对间隙,其承载能力( )。
    A. 增加　　　　B. 减少　　　　C. 不变　　　　D. 先增加后减少

三、填空题

1. 金属整体式轴瓦按材料及制法不同,分为( )和( )。
2. 非液体润滑滑动轴承计算中,校核 pv 的目的是( )。
3. 滑动轴承按其承受载荷方向的不同,可分为( )和( )。
4. 滑动轴承的失效形式有( )、( )、( )、( )、( )。
5. 径向滑动轴承的半径间隙与轴颈半径之比称为( );而( )与( )之比称为偏心率 χ。
6. 止推滑动轴承由( )和( )组成。常用的结构形式有( )、( )和( )。

7. 液体动压润滑向心滑动轴承的偏心距 e 是随着轴颈转速 n 的（　　　　）或载荷 F 的（　　　　）而减小的。

8. 有一非液体润滑的径向滑动轴承，宽径比 $B/d=1.5$，轴径 $d=100$ mm，若轴承材料的许用值 $[p]=5$ MPa，$[v]=3$ m/s，$[pv]=10$ MPa·m/s，轴的转速 $n=500$ r/min，则该轴承允许承受的载荷 $F_{\max}=$（　　　　）。

9. 为防止非液体摩擦滑动轴承的胶合应限制其（　　　　）值。

10. 液体摩擦动压滑动的轴瓦上的油孔、油槽位置应开在（　　　　）。

11. 在滑动轴承摩擦特性试验中可以发现，随着转速的提高，摩擦系数开始（　　　　），通过临界点进入液体摩擦区后有所（　　　　）。

四、简答题

1. 非液体摩擦滑动轴承设计计算时，必须限制轴承的平均压强 p、滑动速度 v 以及 pv 值，试说明理由。

2. 与滚动轴承比较，滑动轴承有何特点？适用于何种场合？

3. 液体摩擦动压滑动轴承的宽径比（$\dfrac{B}{d}$）和润滑油的黏度大小对滑动轴承的承载能力、温升有什么影响？

4. 试分析动压滑动轴承与静压滑动轴承在形成压力油膜机理上的异同。

5. 非完全液体润滑润滑剂的选择和完全液体润滑润滑剂的选择有什么区别？

6. 在滑动轴承轴瓦内表面开设油孔、油槽时应注意哪些问题？为什么？

7. 简述润滑脂选择原则。

8. 轴瓦的主要失效形式是什么？轴瓦材料应满足哪些要求？

9. 在滑动轴承上为什么要开设油孔和油槽？油孔和油槽开设的原则是什么？

10. 描述对开式轴瓦的分类以及制造方法，对于内表面附有轴承衬如何制造？

五、计算题

1. 发电机转子的径向滑动轴承，轴瓦包角$180°$，轴颈直径$d=150$ mm，宽径比$B/d=1$，半径间隙$\delta=0.067\ 5$ mm，承受工作载荷$F=50\ 000$ N，径向转速$n=1\ 000$ r/min，采用锡青铜，其中$[p]=15$ MPa，$[v]=10$ m/s，$[pv]=20$ MPa·m·s^{-1}，轴颈的表面粗糙度$R_{z1}=0.002$ mm，轴瓦的表面粗糙度为$R_{z2}=0.003$ mm，润滑油平均温度下的黏度$\eta=0.014\ 5$ Pa·s。

(1) 验算此轴承是否产生过度磨损和发热；

(2) 验算轴承是否能形成动力润滑。

附：$C_p = \dfrac{F\psi^2}{2\eta v B}$，$v = \dfrac{\pi d n}{60 \times 1\ 000}$ m/s。

偏心率 χ 与承载量系数 C_p（$B/d=1$）

χ	0.4	0.5	0.6	0.65	0.7	0.75	0.80	0.85	0.90	0.925
C_p	0.589	0.853	1.253	1.528	1.929	2.469	3.372	4.808	7.772	11.38

2. 如图所示,根据液体动力润滑的一维雷诺方程 $\dfrac{\partial p}{\partial x}=6\eta v\dfrac{h-h_0}{h^3}$,回答下列问题:

   (1)产生压力油膜的必要条件是什么?

   (2)画出 A 板的运动方向;

   (3)定性画出油膜压力在 A 板上的分布图。

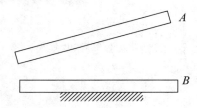

3. 有一非液体动力润滑轴承,轴的直径 $d=100$ mm,轴承宽度 $B=100$ mm,轴的转速 $n=1\,200$ r/min,轴承材料的许用值:$[p]=15$ MPa,$[v]=10$ m/s,$[pv]=15$ MPa·m/s。求该轴承所能承受的最大径向载荷。

4. 某不完全液体润滑径向滑动轴承,已知轴颈直径 $d=200$ mm,轴承宽度 $B=200$ mm,轴颈转速 $n=300$ r/min,轴瓦材料为 ZCuAl10Fe3,试问它可以承受的最大径向载荷是多少?

5. 某对开式径向滑动轴承,已知径向载荷 $F=35\,000$ N,轴颈直径 $d=100$ mm,轴承宽度 $B=100$ mm,轴颈转速 $n=1\,000$ r/min。选用 32 号全损耗系统用油,设平均温度 $t_m=50$ ℃,轴承的相对间隙 $\psi=0.001$,轴颈、轴瓦表面粗糙度分别为 $R_{z1}=1.6\,\mu m$,$R_{z2}=3.2\,\mu m$,试校验此轴承能否实现液体动压滑动。

第十一章 滚动轴承

一、判断题

1. 向心推力轴承既能承受径向载荷,又能承受轴向载荷。 ( )
2. 滚动轴承中,滚子轴承的承载能力比球轴承高,而极限转速低。 ( )
3. 调心球轴承允许内圈相对外圈轴线偏移量≤1.5°～2.5°。 ( )
4. 当转速 n 一定时,滚动轴承当量动载荷由 P 增为 $2P$,则其寿命由 L 下降为 $L/2$。 ( )
5. 一个滚动轴承的基本额定动载荷是指该型号轴承的寿命为 10^6 转时所能承受的载荷。 ( )
6. 滚动轴承的内径代号 02,代表内径是 17 mm。 ( )
7. 代号为 N206 的滚动轴承是指内径为 30 mm 的圆锥滚子轴承。 ( )
8. 滚动轴承代号"6215"的含义是深沟球轴承,直径系列 2,内径 75 mm。 ( )
9. 标准滚动轴承的组成:内圈、外圈、滚动体和保持架。 ( )

二、选择题

1. 代号为 1318 的滚动轴承,内径尺寸 d 为( )。
   A. 90 mm B. 40 mm C. 19 mm D. 8 mm

2. 一般来说,( )更能承受冲击,但不太适合于较高的转速下工作。
   A. 滚子轴承 B. 球轴承 C. 向心轴承 D. 推力轴承

3. 在下列四种型号的滚动轴承中,只能承受径向载荷的是( )。
   A. 6208 B. N208 C. 3208 D. 5208

4. 同一根轴的两端支承,虽然承受载荷不等,但常使用一对相同型号的滚动轴承,最主要是因为除( )以外的下述其余三点。
   A. 采购同型号的一对轴承比较方便
   B. 安装轴承的两轴承座孔直径相同,加工方便
   C. 安装轴承的两轴颈直径相同,加工方便
   D. 一次镗孔能保证两轴承座孔中心线的同轴度,有利于轴承的正常工作

5. 深沟球轴承,内径 100 mm,宽度系列 0,直径系列 2,公差等级为 0 级,游隙 0 组,其代号为( )。
   A. 60220 B. 6220P0 C. 60220/P0 D. 6220

6. ( )可采用滚动轴承。
   A. 大型低速柴油机曲轴　　　　　　　　B. 大型水轮发电机推力轴承
   C. 轧钢机轧辊轴承　　　　　　　　　　D. 蒸汽涡轮发电机转子
7. 滚动轴承的代号由前置代号、基本代号及后置代号组成,其中基本代号表示( )。
   A. 轴承的类型、结构和尺寸　　　　　　B. 轴承组件
   C. 轴承内部结构的变化和轴承公差等级　D. 轴承游隙和配置
8. 按基本额定动载荷通过计算选用的滚动轴承,在预定的使用期限内,其工作可靠度为( )。
   A. 50%　　　　　B. 90%　　　　　C. 95%　　　　　D. 99%
9. 滚动轴承的额定寿命是指( )。
   A. 在额定动载荷作用下,轴承所能达到的寿命
   B. 在额定工况和额定动载荷作用下,轴承所能达到的寿命
   C. 在额定工况和额定动载荷作用下,90%轴承所能达到的寿命
   D. 同一批轴承在相同条件下进行实验时,90%轴承所能达到的寿命
10. 以下哪个部件通常用于固定和支承轴?( )
    A. 轴承　　　　　B. 齿轮　　　　　C. 联轴器　　　　　D. 离合器
11. 在下列四种向心滚动轴承中,( )型除可以承受径向载荷外,还能承受不大的双向轴向载荷。
    A. N0000　　　　B. 50000　　　　C. NA0000　　　　D. 60000
12. 一般转速、一般载荷工作的正常润滑的滚动轴承,其主要失效形式是( )。
    A. 滚动体与滚道产生疲劳点蚀　　　　B. 滚道磨损
    C. 滚道压坏　　　　　　　　　　　　D. 滚动体碎裂
13. 对某一滚动轴承来说,当所受当量动载荷增加时,基本额定动载荷( )。
    A. 不变　　　　　　　　　　　　　　B. 增加
    C. 可能增加也可能减少　　　　　　　D. 减少
14. 角接触球轴承承受轴向载荷的能力,随接触角 α 的增大而( )。
    A. 减小　　　　　B. 增大　　　　　C. 不定　　　　　D. 不变
15. ( )只能承受轴向载荷。
    A. 圆锥滚子轴承　　　　　　　　　　B. 滚针轴承
    C. 调心滚子轴承　　　　　　　　　　D. 推力球轴承
16. 对于温度较高或较长的轴,其轴系固定结构可采用( )。
    A. 两端固定安装的角接触球轴承　　　B. 两端固定安装的深沟球轴承
    C. 两端游动安装的结构形式　　　　　D. 一端固定另一端游动的形式

17. (　　)不是滚动轴承预紧的目的。
    A. 提高旋转精度　　　　　　　　　　B. 增大支承刚度
    C. 降低摩擦阻力　　　　　　　　　　D. 减小振动噪声

18. 对转速很高($n>7\,000$ r/min)的滚动轴承宜采用(　　)的润滑方式。
    A. 滴油润滑　　　　　　　　　　　　B. 油浴润滑
    C. 喷油或喷雾润滑　　　　　　　　　D. 飞溅润滑

19. 当润滑条件相同时,以下四种精度和内径相同的滚动轴承中(　　)的极限转速最高。
    A. 圆锥滚子轴承　　　　　　　　　　B. 圆柱滚子轴承
    C. 推力球轴承　　　　　　　　　　　D. 角接触球轴承

20. 推力球轴承不适用于高转速的轴承,这是因为高速时(　　),从而使轴承寿命严重下降。
    A. 滚动体离心力过大　　　　　　　　B. 滚动阻力过大
    C. 圆周线速度过大　　　　　　　　　D. 冲击过大

21. 下列轴承中,公差等级最高的是(　　)。
    A. 6208/P2　　　　B. 30208　　　　C. N2208/P4　　　　D. 5308/P6

22. 向心推力滚动轴承承受轴向载荷的能力是随接触角的增大而(　　)。
    A. 增大　　　　　B. 减小　　　　　C. 不变　　　　　D. 不定

23. 下列轴承中,(　　)通常成对使用。
    A. 深沟球轴承　　　　　　　　　　　B. 圆锥滚子轴承
    C. 推力球轴承　　　　　　　　　　　D. 圆柱滚子轴承

24. 当滚动轴承的疲劳寿命可靠度提高时,其基本额定动载荷(　　)。
    A. 增大　　　　　B. 减小　　　　　C. 不变　　　　　D. 不定

25. 在下列类型的滚动轴承中,(　　)只能承受径向载荷。
    A. 圆柱滚子轴承　　　　　　　　　　B. 调心球轴承
    C. 圆锥滚子轴承　　　　　　　　　　D. 深沟球轴承

26. (　　)是只能承受轴向力的轴承。
    A. 深沟球轴承　　　　　　　　　　　B. 圆锥滚子轴承
    C. 推力球轴承　　　　　　　　　　　D. 调心球轴承

27. 滚动轴承的基本额定动载荷是指轴承基本额定寿命为(　　)时轴承所能承受的载荷。
    A. 10^5 h　　　　B. 10^6 h　　　　C. 10^5 转　　　　D. 10^6 转

28. 在下列类型的向心滚动轴承中,(　　)不能承受轴向载荷。
    A. 圆柱滚子轴承　　　　　　　　　　B. 调心球轴承
    C. 调心滚子轴承　　　　　　　　　　D. 深沟球轴承

三、填空题

1. 为了便于互换及适应大量生产,轴承内圈孔与轴的配合采用(　　　　)制,轴承外圈与轴承座孔的配合采用(　　　　)制。
2. 双向推力球轴承的代号是(　　　　)。
3. 向心轴承是(　　　　)。
4. 推力轴承是指(　　　　)。
5. 向心推力轴承是指(　　　　)。
6. 轴承的基本额定动载荷是指(　　　　)时,轴承所能承受的载荷。
7. 根据轴承中摩擦性质的不同,可把轴承分为(　　　　)。
8. 代号 6205 的轴承的内径为(　　　　)。
9. 代号 62203 的滚动轴承为(　　　　)轴承,其内径为(　　　　)mm。一组同型号的轴承在同样条件下运转,其可靠度为(　　　　)时能够达到或超过的寿命称为滚动轴承的基本额定寿命。
10. 圆锥滚子轴承 30000B 系列,α 角度的取值范围为(　　　　),而对于 30000 系列的 α 角度的取值范围为(　　　　)。

四、简答题

1. 滚动轴承的主要失效形式有哪些?相应的计算准则是什么?

2. 滚动轴承由哪些元件组成?它们的作用是什么?

3. 什么是滚动轴承的实际寿命和基本额定寿命?这两者如何区别?

4. 基本额定动载荷和基本额定静载荷本质上有什么差别?

5. 滚动轴承密封的目的是什么？常用的密封方式有哪些？

6. 什么是角接触轴承的内部轴向力？

7. 选择滚动轴承类型时所应考虑的主要因素有哪些？

8. 当量动载荷的意义是什么？

9. 对于滚动轴承的轴系固定方式，请解释什么叫"两端固定支承"？

10. 试说明滚动轴承代号 6308 的含义。

11. 滚动轴承的基本类型有哪些？

五、计算题

1. 图示为一轴两端各用一个 30204 轴承支承，受径向载荷为 1 000 N，轴向载荷为 300 N，轴的转速 $n=1\,000$ r/min，已知 30204 轴承基本额定动载荷 $C=15.8$ kN，动载荷系数 $f_p=1.2$，试求：
   (1) 两支点反力；
   (2) 两轴承的当量动载荷；
   (3) 轴承的寿命。

附:派生轴向力 $F_d = F_r/(2Y)$, $e = 0.38$, 当 $F_a/F_r \leqslant e$ 时, $X=1, Y=0$; 当 $F_a/F_r > e$ 时, $X=0.4, Y=1.7$。

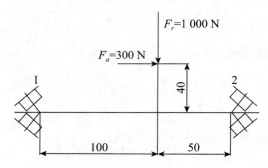

2. 如图所示,在一对轴承 7209AC 上, $F_a = 500$ N, $Q = 2\,000$ N, 内部轴向力 $S = 0.7F_r$, 两轴承各受多大的径向力和轴向力?

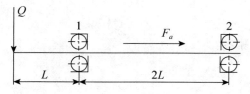

3. 如图所示装置中,采用一对角接触球轴承(派生轴向力的计算公式为 $S=0.7R$),轴承的径向载荷 $R_1=15\,000$ N,$R_2=7\,000$ N,作用在轴上的轴向载荷 $F_a=5\,600$ N,76312 型号轴承的 $e=0.68$,当 $A/R>e$ 时,$X=0.41$,$Y=0.87$,$f_p=1$,轴承的额定动载荷 $C=78$ kN,试求:

(1) 各轴所承受的轴向载荷 A_1、A_2;

(2) 各轴的当量动载荷;

(3) 轴承的工作寿命;

(4) 若轴承所受的当量动载荷增加一倍,轴承的寿命与原来寿命之间的比值。

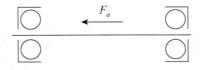

4. 如图所示,反转的两个圆锥滚子轴承 30209E,齿轮的分度圆直径 $d=200$ mm,作用在其上的圆周力 $F_t=3\,000$ N,径向力 $F_r=1\,200$ N,轴向力 $F_a=1\,000$ N,载荷系数 $f_p=1.2$,$e=0.68$,当 $F_a/F_r>e$ 时,$X=0.4$,$Y=1.5$;当 $F_a/F_r\leqslant e$ 时,$X=1$,$Y=0$。试求:

(1) 两个轴承所受的径向载荷;

(2) 两个轴承各自的当量动载荷;

(3) 哪个轴承的寿命短。

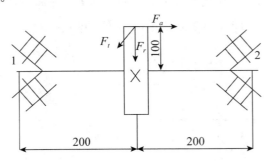

5. 如图所示，轴上装有一斜齿圆柱齿轮，轴支承在一对正装的 7209AC 轴承上，齿轮轮齿上受到的径向力 $F_r = 3\,052$ N，轴向力 $F_a = 2\,170$ N，圆周力 $F_t = 8\,100$ N，转速 $n = 300$ r/min，载荷系数 $f_p = 2.1$，温度系数 $f_t = 1$，轴承的 $C = 28.2$ kN，$S = 0.68R$，试计算两个轴承的基本额定寿命(以小时计)。

附加：$e = 0.68$，当 $\dfrac{A}{R} \leqslant e$ 时，$X = 1$，$Y = 0$；当 $\dfrac{A}{R} > e$ 时，$X = 0.41$，$Y = 0.87$。

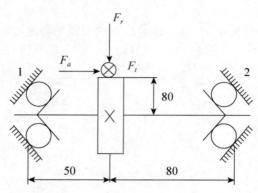

6. 某轴系部件采用一对 7208AC 滚动轴承支承，如图所示。已知作用于轴承上的径向载荷 $F_{r1} = 1\,000$ N，$F_{r2} = 2\,060$ N，作用于轴上的轴向载荷 $F_a = 880$ N，轴承内部轴向力 F_d 与径向载荷 F_r 的关系为 $F_d = 0.4F_r$，试求轴承轴向力 F_{a1} 和 F_{a2}。

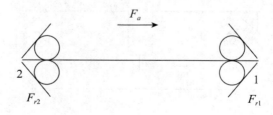

7. 如图所示，轴上装有一直齿锥齿轮 2 和一斜齿圆柱齿轮 3（螺旋方向如图所示），在 A、B 两处各用一个角接触球轴承 7208AC 支承，转速 $n=900$ r/min，转动方向如图所示，设齿轮上受到的圆周力 $F_{t2}=2\,000$ N，$F_{t3}=4\,000$ N；径向力 $F_{r2}=200$ N，$F_{r3}=1\,500$ N；轴向力 $F_{x2}=700$ N，$F_{x3}=1\,000$ N。已知轴承的 $C=35.2$ kN，$S=0.68F_r$，$e=0.38$，当 $\dfrac{F_x}{F_r}\leqslant e$ 时，$X=1$，$Y=0$；当 $\dfrac{F_x}{F_r}>e$ 时，$X=0.41$，$Y=0.87$。

(1) 试计算轴承 A 和轴承 B 的当量动载荷；

(2) 设轴承基本额定寿命 $L_{10}=10^4$ h，试计算两个轴承寿命是否足够？（取动载荷系数 $f_p=1.2$，温度系数 $f_t=1.0$）

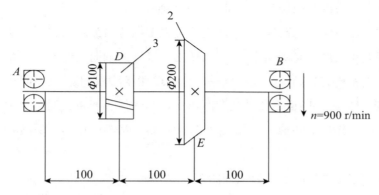

第十二章 轴

一、判断题

1. 设计某普通碳钢零件时,校核后刚度不足,若改用高强度合金钢,对提高其刚度是不起作用的。（ ）
2. 提高轴的表面质量有利于提高轴的疲劳强度。（ ）
3. 静载荷作用的轴内部也可能产生变应力。（ ）
4. 连接汽车前桥和后桥的那根转动着的轴是一根转轴。（ ）
5. 转轴上载荷和支点位置都已确定后,轴的直径可以根据弯曲强度来进行计算或校核。（ ）
6. 增大轴在截面变化处的过渡圆角半径,可以使轴上零件的轴向定位比较可靠。（ ）
7. 合金钢与碳素钢相比有较高的强度和较好的热处理性能,因此用合金钢制造的零件不但可以减小尺寸,而且可以减小断面变化处过渡圆角半径和降低表面粗糙度。（ ）
8. 在弯矩和扭矩同时作用的转轴上,当载荷的大小、方向及作用点均不变时,轴上任意点的应力也不变。（ ）
9. 轴上零件的周向定位常用轴肩、轴环、挡圈等。（ ）
10. 两轴线易对中、无相对位移且载荷平稳时,宜选刚性联轴器连接。（ ）

二、选择题

1. 传动轴（ ）。
   A. 只受剪力　　　B. 只受扭矩　　　C. 只受弯矩　　　D. 既受弯矩又受扭矩
2. 下列用于轴向定位的是（ ）。
   A. 套筒　　　　　B. 花键　　　　　C. 销　　　　　　D. 过盈配合
3. 下列用于周向定位的是（ ）。
   A. 轴肩　　　　　B. 套筒　　　　　C. 花键　　　　　D. 弹性挡圈
4. 一圆轴用低碳钢材料制作,若抗扭强度不够,则（ ）对于提高其强度较为有效。
   A. 改用合金钢材料　　　　　　　　B. 改用铸铁
   C. 增加圆轴直径,且改用空心圆截面　D. 减小轴的长
5. 阶梯轴应用最广的主要原因是（ ）。
   A. 便于零件装拆和固定　　　　　　B. 制造工艺性好
   C. 传递载荷大　　　　　　　　　　D. 疲劳强度高

6. 优质碳素钢经调质处理制造的轴,验算刚度时发现不足,正确的改进方法是(　　)。
   A. 加大直径　　　　　　　　　　B. 改用合金钢
   C. 改变热处理方法　　　　　　　D. 降低表面粗糙度

7. 工作时只承受弯矩,不承受扭矩的轴,称为(　　)。
   A. 心轴　　　　B. 转轴　　　　C. 传动轴　　　　D. 曲轴

8. 采用(　　)的措施不能有效地改善轴的刚度。
   A. 改用高强度合金钢　　　　　　B. 改变轴的直径
   C. 改变轴的支承位置　　　　　　D. 改变轴的结构

9. 按弯曲扭转合成计算轴的应力时,要引入折合系数α,这是考虑(　　)。
   A. 轴上有键槽削弱轴的强度而引入的系数
   B. 按第三理论合成正应力与切应力时的折合系数
   C. 正应力与切应力的循环特性不同的系数
   D. 正应力与切应力方向不同

10. 转动的轴,受不变的载荷,其所受的弯曲应力的性质为(　　)。
    A. 脉动循环　　　　　　　　　　B. 对称循环
    C. 静应力　　　　　　　　　　　D. 非对称循环

11. 对于受对称循环的转矩的转轴,计算当量弯矩,α应取(　　)。
    A. 0.3　　　　B. 0.6　　　　C. 1　　　　D. 1.3

12. 设计减速器中的轴,其一般设计步骤为(　　)。
    A. 先进行结构设计,再按转矩、弯曲应力和安全系数校核
    B. 按弯曲应力初算轴径,再进行结构设计,最后校核转矩和安全系数
    C. 根据安全系数定出轴径和长度,再校核转矩和弯曲应力
    D. 按转矩初估轴径,再进行结构设计,最后校核弯曲应力和安全系数

13. 根据轴的承载情况,(　　)的轴称为转轴。
    A. 既承受弯矩又承受扭矩　　　　B. 只承受弯矩不承受扭矩
    C. 不承受弯矩只承受扭矩　　　　D. 承受较大轴向载荷

14. 滚动轴承想让可靠度从90%提高到97%,则寿命修正系数a_1取(　　)。
    A. 0.21　　　　B. 0.44　　　　C. 0.33　　　　D. 0.53

15. 计算载荷等于(　　)。
    A. 零件承受的静载荷加名义载荷　　B. 动载荷加名义载荷
    C. 载荷系数与名义载荷的乘积　　　D. 机械零件的外载荷

16. 增大轴在截面变化处的过渡圆角半径,主要目的是( )。
    A. 零件的轴向定位   B. 使轴的加工方便
    C. 便于安装   D. 降低应力集中,提高轴的疲劳强度

17. 轴上安装有过盈连接零件时,应力集中将发生在轴上( )。
    A. 在配合段上均匀分布   B. 距离轮毂端部为 1/3 轮毂长度处
    C. 沿轮毂两端部位   D. 轮毂中间部位

18. 某 45 钢轴的刚度不足,可采取( )的措施来提高其刚度。
    A. 增大圆角半径   B. 增大轴径   C. 淬火处理   D. 改用 40Cr 钢

三、填空题

1. 按承受载荷的不同,轴可分为( )、( )、( )。
2. 转轴是指( )。
3. 心轴是指( )。
4. 轴上零件都必须进行( )和( )定位。
5. 轴上常用的周向定位零件有( )、( )、( )、( )。
6. 轴上零件的轴向定位常用( )、( )、( )、( )、( )。
7. 直径较小的钢制齿轮,当齿根圆直径与轴径接近时,可以将齿轮和轴做成一体,称为( )。

四、简答题

1. 轴的功用是什么?轴的常见失效形式有哪些?

2. 轴的结构设计应考虑哪些主要问题?采用哪些方法实现?

3. 常见双支点轴上滚动轴承的支承结构有哪三种基本形式?

4. 设计轴的结构时,要满足哪些要求?

五、计算题

1. 传动轴如图所示,转速 $n = 208$ r/min,主动轮 B 的输入功率 $P_B = 6$ kW,两个从动轮 A、C 的输出功率分别为 $P_A = 4$ kW,$P_C = 2$ kW,已知轴的许用剪应力 $[\tau] = 30$ MPa,许用扭转角 $[\theta] = 1°$/m,剪切弹性模量 $G = 8 \times 10^4$ MPa,试按强度条件和刚度条件设计轴的直径 d。

提示:$I_P = \dfrac{\pi d^4}{32}$,$W_T = \dfrac{\pi d^3}{16}$。

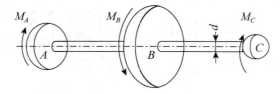

2. 有一双轮手推车如图所示。已知车上载荷 $Q = 5\ 000$ N(包括车身自重),轮轴材料采用 Q235A,设许用弯曲应力为 $[\sigma] = 100$ MPa,试计算轮轴直径。(忽略摩擦)

注:轴的抗弯截面系数 $W = 0.1d^3$。

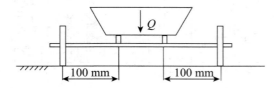

3. 图示为齿轮系的结构图,已知齿轮轴上的轴承采用脂润滑,外伸端装有半联轴器,试指出图中的错误,并画出正确的结构图。

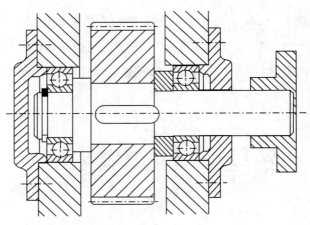

4. 指出图示的轴承面对面布置的轴系结构中的错误和不合理之处,并简要说明理由(可以不用改正)。

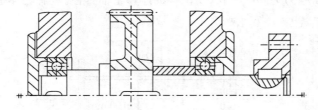

5. 指出如图所示的标记的错误类型,并且轴承用油润滑。

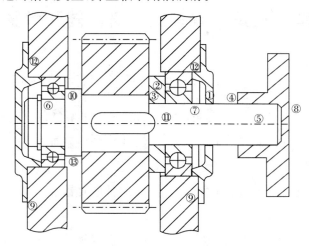

6. 请指出图中结构错误,并将正确结构画出来(用手绘图)。

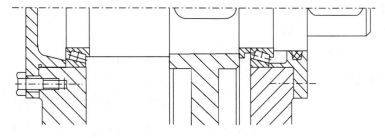

第十三章 联轴器、离合器和弹簧

一、选择题

1. 下列联轴器中适用于两轴间有相对位移、有冲击载荷、启动频繁场合的是（　　）。
   A. 凸缘联轴器 B. 齿式联轴器 C. 十字滑块联轴器 D. 梅花形弹性联轴器

2. 下面属于刚性联轴器的是（　　）。
   A. 滚子链联轴器 B. 齿式联轴器 C. 膜片联轴器 D. 凸缘联轴器

3. 下列属于挠性联轴器的是（　　）。
   A. 套筒式联轴器 B. 齿式联轴器 C. 凸缘联轴器 D. 夹壳式联轴器

4. 在载荷中等冲击、频繁启动、正反转和两轴对中不准确的情况下，连接两轴宜选用（　　）联轴器。
   A. 固定式刚性 B. 可移式刚性 C. 弹性 D. 安全

5. 在圆柱形螺旋拉伸（压缩）弹簧中，弹簧指数 C 是指（　　）。
   A. 弹簧外径与簧丝直径之比值
   B. 弹簧内径与簧丝直径之比值
   C. 弹簧自由高度与簧丝直径之比值
   D. 弹簧中径与簧丝直径之比值

6. 以下哪个部件主要用于减小振动和缓冲冲击？（　　）
   A. 齿轮 B. 联轴器 C. 弹簧 D. 轴承

7. 联轴器与离合器的主要作用是（　　）。
   A. 缓和冲击和振动
   B. 防止机器发生过载
   C. 传递转矩
   D. 补偿两轴的同轴度误差或热膨胀

8. 在载荷平稳、冲击轻微且两轴对中准确的情况下，若希望寿命较长，则宜选用（　　）联轴器。
   A. 弹性 B. 固定式刚性 C. 可移式刚性 D. 安全

9. 在载荷不平稳且具有较大的冲击和振动的场合下，一般宜选用（　　）联轴器。
   A. 可移式刚性 B. 弹性 C. 安全 D. 固定式刚性

10. 机器在运转过程中载荷较平稳，但可能产生很大的瞬时过载，对机器造成损害，在这种场合下，通常宜选用（　　）联轴器。
    A. 弹性 B. 安全 C. 可移式刚性 D. 固定式刚性

11. 凸缘联轴器可依靠铰制孔螺栓来保证被连接两轴的同轴度，也可依靠联轴器上的对中榫来保证两轴的同轴度，以上两者比较，前者的优点是（　　）。
    A. 对中精度较高
    B. 装配比较方便
    C. 拆卸比较方便
    D. 制造比较方便

12. 齿式联轴器对两轴的（　　）偏移具有补偿能力，所以常用于安装精度要求不高和重型机械中。
    A. 径向　　　　　　B. 综合　　　　　　C. 角　　　　　　D. 轴向

13. 在下列四种类型的联轴器中，能补偿两轴的相对位移以及可以缓和冲击、吸收振动的是（　　）。
    A. 凸缘联轴器　　　　　　　　　　B. 齿式联轴器
    C. 万向联轴器　　　　　　　　　　D. 弹性套柱销联轴器

14. 下列联轴器属于弹性联轴器的是（　　）。
    A. 万向联轴器　　　　　　　　　　B. 齿式联轴器
    C. 轮胎联轴器　　　　　　　　　　D. 凸缘联轴器

15. 在载荷比较平稳、冲击不大、希望联轴器尺寸较小，但两轴线具有一定程度的相对偏移量的情况下，通常宜采用（　　）联轴器。
    A. 刚性　　　　　　　　　　　　　B. 无弹性元件挠性
    C. 非金属弹性元件挠性　　　　　　D. 金属弹性元件挠性

16. 一般情况下，为了连接电动机轴和减速器轴，如果要求有弹性而且尺寸较小，下列联轴器中最适宜采用（　　）。
    A. 凸缘联轴器　　　　　　　　　　B. 夹壳联轴器
    C. 轮胎联轴器　　　　　　　　　　D. 弹性柱销联轴器

17. 下列哪种联轴器允许两轴有一定的相对位移？（　　）
    A. 刚性联轴器　　　　　　　　　　B. 套筒式联轴器
    C. 齿式联轴器　　　　　　　　　　D. 膜片式联轴器

18. 圆柱形螺旋压缩弹簧支承圈的圈数取决于（　　）。
    A. 载荷大小　　B. 载荷性质　　C. 刚度要求　　D. 端部形式

19. 拧紧螺母时用的定力矩扳手，其弹簧的作用是（　　）。
    A. 缓冲吸振　　B. 控制运动　　C. 储存能量　　D. 测量载荷

20. 弹簧指数 C 选得小，则弹簧（　　）。
    A. 刚度过小，易颤动　　　　　　　B. 卷绕困难，且工作时弹簧丝内侧应力大
    C. 易产生失稳现象　　　　　　　　D. 尺寸过大，结构不紧凑

21. 圆柱形螺旋弹簧的有效圈数按弹簧的（　　）要求计算得到。
    A. 稳定性　　　B. 刚度　　　　C. 结构尺寸　　D. 强度

22. 圆柱形螺旋扭转弹簧可按曲梁受（　　）进行强度计算。
    A. 扭转　　　　B. 弯曲　　　　C. 拉伸　　　　D. 压缩

23. 曲度系数 K，其数值大小取决于（　　）。

  A. 弹簧指数　　　　B. 弹簧丝直径　　　　C. 螺旋升角　　　　D. 弹簧中径

24. 圆柱形螺旋弹簧的弹簧丝直径按弹簧的（　　）要求计算得到。

  A. 强度　　　　　　B. 稳定性　　　　　　C. 刚度　　　　　　D. 结构尺寸

二、填空题

1. 联轴器所连两轴的相对位移有（　　）、（　　）、（　　）、（　　）。

2. 按离合器的不同工作原理，离合器可分为（　　）和（　　）。

3. 在类型上，万向联轴器属于（　　）联轴器，凸缘联轴器属于（　　）联轴器。

4. （　　）联轴器既具有缓冲减振的作用，又有补偿两轴相对位移的能力。

5. 齿式联轴器允许轴线具有（　　）位移，十字滑块联轴器允许轴线具有（　　）位移。

6. 连接按其可拆性可分为（　　）和（　　）。

7. 可拆连接是指（　　）。

8. 设计中，应根据被连接轴的转速、（　　）和（　　）选择联轴器的型号。

三、简答题

1. 弹性套柱销联轴器有哪些特点？

2. 常用的联轴器有哪些类型？

3. 选用联轴器应考虑哪些因素？

4. 常用的离合器有哪些类型？

5. 牙嵌式离合器和摩擦式离合器各有何优缺点？

6. 联轴器和离合器的功用是什么？它们的区别是什么？

7. 简述联轴器的分类及各自的特点。

第一章　机械设计总论

一、判断题

题号	1	2	3	4
答案	T	F	T	F

二、选择题

题号	1	2	3	4	5	6	7	8	9	10
答案	A	A	D	C	D	B	A	B	C	A
题号	11	12	13	14	15	16	17	18	19	20
答案	B	D	B	C	C	B	A	C	D	B
题号	21	22	23							
答案	D	A	A							

三、填空题

1. 动力　运动
2. 通用
3. 机械零件
4. 金属材料　高分子材料　陶瓷材料　复合材料
5. 弹性变形　小

四、简答题

1. 答：理论设计、经验设计、模型试验设计。
2. 答：机器由原动机部分、执行部分、传动部分、控制系统和辅助系统组成。
3. 答：机械零件在设计要求的寿命期内失去正常工作的能力(换句话说,丧失预定功能或预定功能指标降低到许用值以下)称为失效。常见的失效有整体断裂、表面破坏(腐蚀、磨损和接触疲劳)、过大的残余变形及破坏正常工作条件引起的失效。

   针对上述失效形式的设计准则：

强度设计准则:零件中的应力不得超过允许的限度。该设计准则主要针对零件的失效形式有整体断裂、疲劳破坏及过大的残余变形等。

刚度设计准则:零件在载荷作用下产生的弹性变形量 y 小于或等于机器工作性能所允许的极限值 $[y]$(许用变形量),就叫作满足刚度要求或符合刚度设计准则。该设计准则主要针对零件的失效形式有过大弹性变形量等。

寿命设计准则:影响寿命的主要因素为腐蚀、磨损和接触疲劳,它们是三个不同范畴的问题,且它们各自发展过程的规律也不同,目前无法得出腐蚀及磨损的计算准则。关于疲劳寿命,通常是求出使用寿命时的疲劳极限或额定载荷来作为计算的依据。

可靠性设计准则:该设计准则主要针对零件的失效形式有表面破坏等。

振动稳定性准则:在设计时要使机器中受激振作用的各零件的固有频率与激振源的频率错开。该设计准则主要针对零件的失效形式有破坏正常工作条件引起的失效等。

4. 答:目标是产生总装配草图及部件装配草图。通过草图设计确定出各部件及其零件的外形与基本尺寸,包括各部件之间的连接,零、部件的外形及基本尺寸。最后绘制零件的工作图、部件装配图和总装图。

5. 答:影响机械零件疲劳强度的主要因素有应力集中、绝对尺寸和表面状态等。欲改善可以减轻零件的突变程度、减小绝对尺寸和降低表面粗糙度等。

6. 答:避免在预定寿命期内失效的要求,应保证零件有足够的强度、刚度、寿命;结构工艺性要求,设计的结构应便于加工和装配;经济性要求,零件应有合理的生产加工和使用维护的成本;质量小的要求,可节约成本,灵活、轻便;可靠性要求,应降低零件发生故障的可能性等。

7. 答:①使用功能要求,机器应具有预定的使用功能;②经济性要求,要求机器的成本低,生产效率高,较少的能源消耗;③劳动保护和环境保护要求,要求机器符合人机工程学,操作简单,降低设备噪音,还防止废水、废液、废气的排放;④寿命和可靠性要求,要求机器具有一定的使用寿命。

8. 答:①能以最先进的方法在专业化工厂中对那些用途最广的零件进行大量、集中地制造,以提高质量、降低成本;②统一了材料和零件的性能指标,使其能够进行比较,并提高了零件性能的可靠性;③采用了标准结构及标准零部件,可以简化设计工作,缩短设计周期,提高设计质量,同时也简化了机器的维修工作。

9. 答:载荷、应力的大小和性质;零件的工作情况;零件的尺寸及质量;零件结构的复杂程度;材料的加工可能性;材料的经济性;材料的供应状况等。

10. 答:材料本身的相对价格;材料的加工费用;材料的利用率;采用组合结构;节约稀有材料。

11. 答:一个机器的各零件或一个零件对于各种失效方式具有同样的承载能力。

在设计中的应用有二:一是使各部分等强度,避免某些部分强度过大,浪费材料;二是故意设置薄弱环节，过载时失效，使其他部分在过载时不至于损坏而得到保护。

12. **答**：大小和方向不随时间变化或变化极缓慢的载荷即为静载荷；大小和方向随时间而变化的载荷称为变载荷；大小和方向不随时间变化或变化缓慢的应力叫静应力；大小和方向随时间而变化的应力称为应变力。

13. **答**：机械零件的计算准则就是为防止机械零件的失效而制定的判定条件，常用的计算准则有强度准则、刚度准则、寿命准则、振动稳定性准则和可靠性准则等。

第二章 机械零件的强度

一、判断题

题号	1	2	3	4
答案	F	T	T	F

二、选择题

题号	1	2	3	4	5	6	7	8	9	10
答案	D	C	C;B	D;A	D	B	C	A	A	B
题号	11	12	13	14	15	16	17	18	19	20
答案	A	D	A	B	C	A	A	B	C	C
题号	21	22								
答案	A	A								

三、填空题

1. σ_{rN}　N

2. 静应力　变应力　循环变应力

3. $r=0$

4. 最大应力　最小应力　应力循环特性

5. 静载荷强度　变载荷疲劳强度

6. 应力比　循环次数 N

7. 截面形状突变　增大

8. $\sigma_{\min}$ 和 $\sigma_{\max}$

9. 缓慢

10. 有效作用　系数

11. 强度　刚度

12. 共振

13. 重载

14. 横截面积
15. 功能设计及结构设计
16. 高
17. 断裂　塑性变形　疲劳破坏　应力集中　零件尺寸　表面状态　截面形状　强化处理工艺
18. 1.6
19. 无限寿命　有限寿命
20. 腐蚀　磨损

四、简答题

1. 答：对于塑性材料，其应力—应变曲线有明显的屈服点，故零件的主要失效形式是塑性变形，应取材料的屈服极限 σ_s、τ_s 作为极限应力。对于脆性材料，应力—应变曲线没有明显的屈服点，故零件的主要失效形式是脆性断裂，应取材料的强度极限 σ_b、τ_b 作为极限应力。

2. 答：确定零件材料的破坏形式；确定零件材料的极限应力；计算零件的安全系数。

3. 答：机械零件在重载下，润滑膜破裂，使金属表面直接接触，在相对运动的过程中，摩擦产生过高的温度，使金属表面的微凸体熔化后又黏焊到另一个金属表面，继而又因相对滑动被撕落下来，使金属表面产生条状的粗糙沟痕，即为胶合。在低速重载条件下工作的零件，表面温度不高，但由于接触应力过大，润滑油膜不易形成，使接触处产生局部高温而发生的胶合称为冷胶合；而在高速重载条件下工作的零件，由于其滑动速度较大，导致零件表面温度过高，使润滑油膜破裂而产生的胶合称为热胶合。

4. 答：试验证明，当各个作用的应力幅无很大的差别以及无短时的强烈过载时，损伤率之和是趋近于1的；但当各级应力是先作用最大的，然后依次降低时，损伤率小于1；当各级应力是先作用最小的，然后依次升高时，损伤率大于1。

    此现象可以解释为：使初始疲劳裂纹产生和使裂纹扩展所需的应力水平是不同的。递升的变应力不易产生破坏，是由于前面施加的较小的应力不但没有使初始疲劳裂纹产生，而且对材料起到了强化的作用，故损伤率大于1；递减的变应力却由于开始作用了最大的变应力，引起了初始裂纹，则以后施加的应力虽然较小，但仍能够使裂纹扩展，故对材料有削弱的作用，因此损伤率小于1。

5. 答：如图所示为机械零件的正常磨损过程。

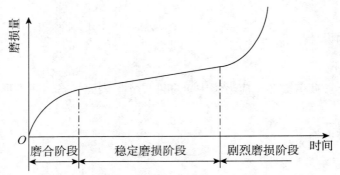

正常磨损通常经历三个阶段：磨合阶段；稳定磨损阶段；剧烈磨损阶段。

6.答：在规律性变幅循环应力作用下，各应力对材料造成的损伤是独立进行的，并可以线性地累积成总损伤，当各应力的寿命损伤率之和等于1时，材料将会发生疲劳。

五、计算题

1.解：（1）由等效系数公式 $\psi_\sigma = \dfrac{2\sigma_{-1} - \sigma_0}{\sigma_0}$ 可得

$$\sigma_0 = \frac{2\sigma_{-1}}{1 + \psi_\sigma} = \frac{2 \times 300}{1 + 0.25} = 480 \text{(MPa)}$$

（2）零件的极限应力线为如图所示的折线 $A'C'S$。

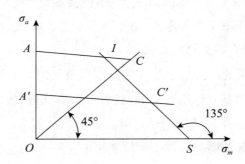

（3）由公式 $r = \dfrac{\sigma_{\min}}{\sigma_{\max}} = 0.25$，可得

$$\sigma_{\min} = r\sigma_{\max} = 0.25 \times 120 = 30 \text{ (MPa)}$$

$$\sigma_m = \frac{\sigma_{\max} + \sigma_{\min}}{2} = \frac{120 + 30}{2} = 75 \text{ (MPa)}$$

$$\sigma_a = \frac{\sigma_{\max} - \sigma_{\min}}{2} = \frac{120 - 30}{2} = 45 \text{ (MPa)}$$

故得坐标位置为(75,45)。

2. **解**：(1) 因为 $10^3 < N_i < N_0$，所以先求等效循环次数时的寿命系数 k_N。由题意得

$$k_N = \sqrt[m]{N_0 / \sum_{i=1}^{n} N_i \left(\frac{\sigma_i}{\sigma_1}\right)^m} = \sqrt[9]{10^7 / \left[10^5 \times \left(\frac{600}{600}\right)^9 + 10^5 \times \left(\frac{550}{600}\right)^9 + 10^5 \times \left(\frac{500}{600}\right)^9\right]} = 1.578$$

$$S_{ca} = \frac{k_N \sigma_{-1}}{\sigma_1} = 1.18$$

(2) 由公式 $\sigma_{-1}^m N_0 = \sigma_{rN}^m N_r'$，得

$$N_1' = N_0 \left(\frac{\sigma_{-1}}{\sigma_1}\right)^m = 10^7 \times \left(\frac{450}{600}\right)^9 = 7.5 \times 10^5$$

$$N_2' = N_0 \left(\frac{\sigma_{-1}}{\sigma_2}\right)^m = 10^7 \times \left(\frac{450}{550}\right)^9 = 1.64 \times 10^6$$

$$N_3' = N_0 \left(\frac{\sigma_{-1}}{\sigma_3}\right)^m = 10^7 \times \left(\frac{450}{500}\right)^9 = 3.87 \times 10^6$$

可得试件的总损伤率为

$$\frac{N_1}{N_1'} + \frac{N_2}{N_2'} + \frac{N_3}{N_3'} = \frac{10^5}{7.5 \times 10^5} + \frac{10^5}{1.64 \times 10^6} + \frac{10^5}{3.87 \times 10^6} = 0.22$$

(3) 应用 Miner 方程，可得

$$\frac{N_1 + n'}{N_1'} + \frac{N_2 + n'}{N_2'} + \frac{N_3 + n'}{N_3'} = 1$$

$$\frac{n'}{N_1'} + \frac{n'}{N_2'} + \frac{n'}{N_3'} = 1 - \left(\frac{N_1}{N_1'} + \frac{N_2}{N_2'} + \frac{N_3}{N_3'}\right) = 1 - 0.22 = 0.78$$

因此

$$n' = 0.78 \times \frac{N_1' N_2' N_3'}{N_1' N_2' + N_2' N_3' + N_1' N_3'} = 3.54 \times 10^5$$

3. **解**：可能发生疲劳失效。r 等于常数时，应按疲劳进行强度计算：$S_{ca} = \dfrac{\sigma_{-1}}{K_\sigma \sigma_a + \psi_\sigma \sigma_m} \geq [S]$。

4. **解**：(1) $\dfrac{\sigma_{-1}}{K_\sigma} = \dfrac{500}{2} = 250 \text{ (MPa)}, \dfrac{\sigma_0}{2K_\sigma} = \dfrac{800}{2 \times 2} = 200 \text{ (MPa)}$

零件的极限应力线图如图所示。工作应力点为 M，其相应的极限应力点为 M_1。

$$\sigma_m = \frac{\sigma_{\max} + \sigma_{\min}}{2} = \frac{300 - 50}{2} = 125 \text{ (MPa)}$$

$$\sigma_a = \frac{\sigma_{\max} - \sigma_{\min}}{2} = \frac{300 + 50}{2} = 175 \text{ (MPa)}$$

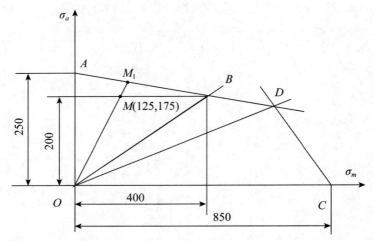

(2) 该零件将可能发生疲劳破坏。

(3) 验算该零件是否安全:

$$\psi_\sigma = \frac{2\sigma_{-1} - \sigma_0}{\sigma_0} = \frac{2 \times 500 - 800}{800} = 0.25$$

$$S_{ca} = \frac{\sigma_{-1}}{K_\sigma \sigma_a + \psi_\sigma \sigma_m} = \frac{500}{2 \times 175 + 0.25 \times 125} = 1.31 < 1.5$$

所以该零件不安全。

5. **解:** 根据公式 $\sigma_{rN}^m N = \sigma_r^m N_0 = C$,下角标 r 为对称循环应力时取 -1,有

$$\sigma_{-1N_1} = \sigma_{-1} \sqrt[9]{\frac{N_0}{N_1}} = 180 \times \sqrt[9]{\frac{5 \times 10^6}{7 \times 10^3}} = 373.6 \text{(MPa)}$$

$$\sigma_{-1N_2} = \sigma_{-1} \sqrt[9]{\frac{N_0}{N_2}} = 180 \times \sqrt[9]{\frac{5 \times 10^6}{2.5 \times 10^4}} = 324.3 \text{(MPa)}$$

$$\sigma_{-1N_3} = \sigma_{-1} \sqrt[9]{\frac{N_0}{N_3}} = 180 \times \sqrt[9]{\frac{5 \times 10^6}{6.2 \times 10^5}} = 227.0 \text{(MPa)}$$

6. **解:** 三点两线一交点,题中没有直接给出三个坐标所需要的所有参数,需要求解一下。

根据公式 $\psi_\sigma = \dfrac{2\sigma_{-1} - \sigma_0}{\sigma_0}$,可以推出

$$\sigma_0 = \frac{2\sigma_{-1}}{1 + \psi_\sigma} = \frac{2 \times 170}{1 + 0.2} = 283.33 \text{ (MPa)}$$

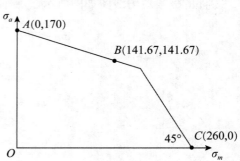

如此便有了三个关键的参数 σ_s、σ_{-1}、σ_0,则
$A(0, \sigma_{-1})$,$B(\sigma_0/2, \sigma_0/2)$,$C(\sigma_s, 0)$,代入参数得
$A(0, 170)$,$B(141.67, 141.67)$,$C(260, 0)$。
绘制图形,如图所示,折线 ABC 即为所求。

7. 解：一定注意有效应力集中系数是小写的 k，其计算公式在濮良贵《机械设计》第三章的附录里面，这里要和弯曲疲劳极限的综合影响系数 K_σ（大写的 K）区分开，通过查看机械设计的课本可以得到如下的公式：

$$k_\sigma = 1 + q_\sigma(\alpha_\sigma - 1)$$

在这个公式的右边有两个参数 α_σ 和 q_σ，下面通过查表得到这两个参数值。$D/d = 1.16$，$r/d = 3/62 = 0.048$，经查表，发现表格中没有对应的值，所以要进行插值估算，这是统计学中的二维插值法。

双线性的插值计算三次就可计算出来，计算过程如下，首先是 1.16 数值在 0.04 行上作插值，即

$$\frac{2.09 - x}{1.20 - 1.16} = \frac{2.09 - 2}{1.20 - 1.10}$$

$$x = 2.054$$

1.16 数值在 0.10 行上作插值，即

$$\frac{1.62 - y}{1.20 - 1.16} = \frac{1.62 - 1.59}{1.20 - 1.10}$$

$$y = 1.608$$

然后在求出的 0.048 行上作插值，即

$$\frac{0.04 - 0.048}{2.054 - z} = \frac{0.04 - 0.1}{2.054 - 1.608}$$

$$z = 1.995$$

$$\alpha_\sigma = 1.995$$

轴肩圆角处的理论应力集中系数

		r/d	D/d								
			6.0	3.0	2.0	1.50	1.20	1.10	1.05	1.03	1.02	1.01
弯曲	$\sigma_b = \dfrac{32M}{\pi d^3}$	0.04	2.59	2.40	2.33	2.21	2.09	2.00	1.88	1.80	1.72	1.61
		0.10	1.88	1.80	1.73	1.68	1.62	1.59	1.53	1.49	1.44	1.36
		0.15	1.64	1.59	1.55	1.52	1.48	1.46	1.42	1.38	1.34	1.26
		0.20	1.49	1.46	1.44	1.42	1.39	1.38	1.34	1.31	1.27	1.20
		0.25	1.39	1.37	1.35	1.34	1.33	1.31	1.29	1.27	1.22	1.17
		0.30	1.32	1.31	1.30	1.29	1.27	1.26	1.25	1.23	1.20	1.14

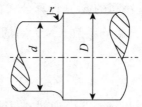

下面再确定 q_σ,如图所示利用插值法,解得 $q_\sigma=0.85$。

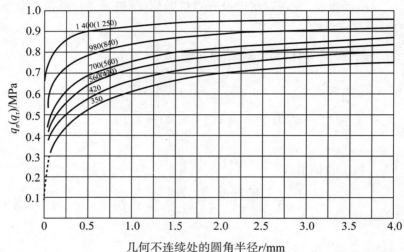

曲线上的数字为材料的强度极限。查 q_σ 时用不带括号的数字,查 q_τ 时用括号内的数字,所以有效应力集中系数为

$$k_\sigma = 1 + q_\sigma(\alpha_\sigma - 1) = 1 + 0.85 \times (1.995 - 1) = 1.846$$

8. 解: 材料和零件的简化等寿命曲线相差的是综合影响系数 K_σ,其表达式是

$$K_\sigma = \left(\frac{k_\sigma}{\varepsilon_\sigma} + \frac{1}{\beta_\sigma} - 1\right)\frac{1}{\beta_q}$$

有效应力集中系数的解法同上,不再赘述,即

$$k_\sigma = 1 + q_\sigma(\alpha_\sigma - 1) = 1 + 0.78 \times (1.88 - 1) = 1.69$$

尺寸及截面形状系数如图(a)所示,则 $\varepsilon_\sigma = 0.74$。

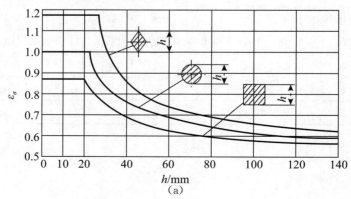

(a)

如图(b)所示进行插值,表面质量系数 $\beta_\sigma = 0.90$。

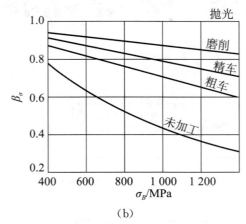

(b)

该轴未做表面强化处理,故强化系数 $\beta_q = 1$。

故综合影响系数

$$K_\sigma = \left(\frac{k_\sigma}{\varepsilon_\sigma} + \frac{1}{\beta_\sigma} - 1\right)\frac{1}{\beta_q} = \left(\frac{1.69}{0.74} + \frac{1}{0.90} - 1\right) \times \frac{1}{1} = 2.39$$

则零件的简化等寿命曲线绘制坐标为 $A(0, 170/2.39)$,$B(283.33/2, 283.33/(2\times 2.39))$,$C(260, 0)$,即 $A(0, 71.13)$,$B(141.67, 59.27)$,$C(260, 0)$。

绘制的曲线如图(c)所示。

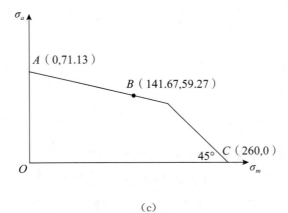

(c)

第三章 摩擦、磨损及润滑概述

一、判断题

题号	1	2	3	4	5
答案	T	F	T	T	T

二、选择题

题号	1	2	3	4	5
答案	D	C	B	C	D

三、填空题

1. 具有由大到小收缩型间隙　润滑油从间隙大端进、间隙小端出　连续不断地供油
2. 干摩擦　边界摩擦　混合摩擦　流体摩擦
3. 油　黏度
4. 添加剂
5. 高
6. 锥入度　滴点

四、简答题

1. 答：降低摩擦;减轻磨损;防锈蚀;散热、降温;缓冲、吸振。

2. 答：在绝大多数情况下,摩擦是有害的,它所造成的能量损耗是惊人的,据统计,在全世界制造业部门所使用的能源中,有1/3～1/2是消耗在各种形式的摩擦上。摩擦引起零件磨损所造成的损失更大,因此在实际工作中应尽量减小摩擦,降低磨损。
   摩擦也有其有利的一面,如带传动、摩擦轮传动和制动器等,都是利用摩擦来工作的。

3. 答：干摩擦是指表面间无任何润滑剂或保护膜的纯金属接触时的摩擦。边界摩擦是指当运动副的摩擦表面被吸附在表面的边界膜隔开,且摩擦性质取决于边界膜和表面的吸附性能时的摩擦。

4. 答：①气体润滑剂(如:空气);

②液体润滑剂(主要是润滑油);

③固体润滑剂(任何可以形成固体膜以减少摩擦阻力的物质,如:石墨);

④半固体润滑剂(主要是润滑脂)。

5. **答**:磨损过程分三个阶段,即磨合阶段、稳定磨损阶段、剧烈磨损阶段。各阶段的特点是:磨合阶段磨损速度由快变慢;稳定磨损阶段磨损缓慢,磨损率稳定;剧烈磨损阶段磨损速度及磨损率都急剧增大。

6. **答**:油环润滑是油环套在轴颈上,下部浸在油中,当轴颈转动时带动油环转动,将油带到轴颈表面进行润滑。轴颈速度过高或者过低,油环带的油量都会不足,通常用于转速不低于50~60 r/min 的场合。

第四章　螺纹连接

一、判断题

题号	1	2	3	4	5	6	7	8	9	10
答案	F	F	T	F	F	T	T	F	T	F
题号	11	12	13	14	15	16	17			
答案	F	F	F	F	F	F	T			

二、选择题

题号	1	2	3	4	5	6	7	8	9	10
答案	B	A	B	D	D	D	B	A	B	D
题号	11	12	13	14	15	16	17	18	19	20
答案	C	B	C	D	C	B	A	C	C	B
题号	21	22								
答案	C	B								

三、填空题

1. 拉断

2. 双螺母　防松垫圈

3. 普通螺纹、管螺纹、梯形螺纹、矩形螺纹、锯齿形螺纹

4. 与螺纹牙顶相切的假想圆柱的直径

5. 螺纹的最小直径

6. 螺纹相邻两牙在中径线上对应两点间的轴向距离

7. 螺纹上任一点沿同一条螺旋线转一周所移动的轴向距离

8. 连接　传动

9. 等边三角　粗牙螺纹　细牙螺纹

10. 借助测力矩扳手或定力矩扳手

11. 整个连接的结构尺寸增大

12. 三角　60　1　螺纹的公称直径　螺杆的长度
13. 机械
14. $F_0 \geqslant \dfrac{K_s F_\Sigma}{fzi}$
15. 三角形螺纹　梯形螺纹　锯齿形螺纹
16. 摩擦防松、机械防松和破坏螺旋副运动关系防松
17. 牙型角度为60°的三角形螺纹
18. 拉力
19. 双头螺柱
20. 外螺纹的大径
21. 螺栓连接　双头螺柱连接　螺钉连接　紧定螺钉连接

四、简答题

1. 答：避免自动松脱，防止螺旋副的相对转动，防止螺母和螺栓之间的相对转动。
2. 答：①按螺纹分布的部位分：外螺纹、内螺纹。

   ②按螺旋线绕行方向分：左旋螺纹、右旋螺纹(较常用)。

   ③按螺纹母体形状分：圆柱螺纹(用于一般连接和传动)、圆锥螺纹(主要用于管连接)。

   ④按单位分：米制螺纹、英制螺纹。

   ⑤按牙型分：普通螺纹、管螺纹、梯形螺纹、矩形螺纹、锯齿形螺纹等(其中前两种主要用于连接，后三种主要用于传动)。

3. 答：因为三角形螺纹自锁性能好、连接强度较高(特别是细牙螺纹)、制造简单，使用时配合防松弹垫或锁紧能承受较大的变载、振动和振动载荷。
4. 答：在冲击、振动、变载或高温时，螺纹副间摩擦力可能会减小，从而导致螺纹连接松动，这时需要防松，防止螺旋副在受载时发生相对转动。

   方法：①双螺母防松；②弹簧垫圈防松；③串联钢丝和开口螺母防松；④止动垫圈防松；⑤焊接和冲点防松。

5. 答：螺栓的最大应力一定时，应力幅越小，疲劳强度越高。在工作载荷和残余预紧力不变的情况下，减小螺栓刚度或增加被连接件刚度都能达到减小应力幅的目的。减小螺栓光杆的直径是减小螺栓刚度的措施之一。
6. 答：双头螺柱的连接特点：有两端带有螺纹的螺杆和螺母配合使用，螺杆连接在厚连接件上，可不拆卸，通过螺母拧紧薄连接件进行连接，每次拆卸只需拆卸螺母即可。

   双头螺柱的应用场合：双头螺柱主要应用在经常拆卸的场合，拆装方便，拆卸时只需将螺母拧

下,无须拆卸螺杆,也常应用在被连接件中有一个不宜做成通孔,需要经常拆卸的场合。

7. 答:机械连接有两大类:一类是机器工作时,被连接的零(部)件间可以有相对运动的连接,称为机械动连接;另一类是机器工作时,被连接的零(部)件间不允许产生相对运动的连接,称为机械静连接。

8. 答:绝大多数螺纹连接在装配时都必须拧紧,使连接在承受工作载荷之前预先受到力的作用,这个预加作用力就是预紧力。螺纹预紧的目的是增强连接的可靠性和紧密性,以防受载后被连接件间出现缝隙或相对滑移。

9. 答:降低影响螺栓疲劳强度的应力幅;改善螺纹牙上载荷分布不均的现象;减小应力集中的影响;采用合理的制造工艺方法。

10. 答:常用的螺纹紧固件品种很多,包括螺栓、双头螺柱、螺钉、紧定螺钉、螺母、垫圈等。

11. 答:这是由于螺栓在拧紧时不仅仅产生轴向拉力,还通过螺纹产生了扭剪应力,在计算的过程中,将拉力增大30%,来等效剪应力。

12. 答:因为螺栓和螺母的受力变形使螺母的各圈螺纹所承担的载荷不等,第一圈最大,约为总载荷的1/3,逐圈递减,第八圈螺纹几乎不受载。由此可知,使用过厚的螺母并不能提高螺纹连接强度。

13. 答:常用螺纹有普通螺纹、管螺纹、梯形螺纹、矩形螺纹和锯齿形螺纹等。前两种螺纹主要用于连接,后三种螺纹主要用于传动。对连接螺纹的要求是自锁性好,有足够的连接强度;对传动螺纹的要求是传动精度高,效率高,以及具有足够的强度和耐磨性。

14. 答:普通螺栓连接的主要失效形式是螺栓杆螺纹部分断裂,设计准则是保证螺栓的静力拉伸强度或疲劳拉伸强度。铰制孔用螺栓连接的主要失效形式是螺栓杆和孔壁被压溃或螺栓杆被剪断,设计准则是保证连接的挤压强度和螺栓的剪切强度。

15. 答:螺栓头、螺母和螺纹牙的结构尺寸是根据与螺杆的等强度条件及使用经验规定的,实践中很少发生失效,因此,通常不需要进行强度计算。

16. 答:不等于。螺栓连接的时候要考虑连接件和被连接件的弹性变形,在螺杆受到各种拉力拉伸时,被连接件被放松,则接合面的预紧力 Q_p 变小,成了残余预紧力 Q_p',所以工作总拉力 $Q = Q_p' + F$。(考生学习这一块知识点的时候,一定注意连接件和被连接件的变形情况。)

五、计算题

1. 解:(1)变形关系图如图所示,参数自行代入,比例尺自定。

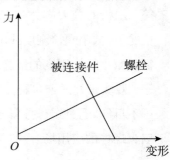

(2) $F_0 = F' + \dfrac{C_1}{C_1 + C_2} F = 8\,000 + \dfrac{40\,000}{40\,000 + 160\,000} \times 4\,000$

$= 8\,000 + \dfrac{1}{5} \times 4\,000 = 8\,800 (\text{N})$

$$F'' = F' - \frac{C_1}{C_1+C_2}F = 8\,000 - \frac{40\,000}{40\,000+160\,000} \times 4\,000$$

$$= 8\,000 - \frac{1}{5} \times 4\,000 = 7\,200(\text{N})$$

2. 解：(1) 因为 $\dfrac{C_b}{C_m} = \dfrac{\lambda_m}{\lambda_b} = \dfrac{1}{2}$，$Q'_p = Q_p - \dfrac{C_m}{C_b+C_m}F_{\max}$，所以

$$F_{\max} = \frac{Q_p - Q'_p}{C_m/(C_b+C_m)} = \frac{15\,000 - 9\,000}{2/(1+2)} = 9\,000(\text{N})$$

(2) 当 $F_{\max} = 9\,000$ N 时，

$$Q_{p\max 1} = Q_p + \frac{C_b}{C_b+C_m}F_{\max} = 15\,000 + 3\,000 = 18\,000(\text{N})$$

$$Q'_{p1} = Q_p - \frac{C_m}{C_b+C_m}F_{\max} = 15\,000 - 6\,000 = 9\,000(\text{N})$$

当 $F_{\min} = -9\,000$ N 时，

$$Q_{p\max 2} = Q_p + \frac{C_b}{C_b+C_m}F_{\min} = 12\,000(\text{N})$$

$$Q'_{p2} = Q_p - \frac{C_m}{C_b+C_m}F_{\min} = 21\,000(\text{N})$$

因此，螺栓所受总载荷最大值为 18 000 N，最小值为 12 000 N；被连接件所受总载荷最大值为 21 000 N，最小值为 9 000 N。

3. 解：(1) $\quad Q = Q_p + \dfrac{C_b}{C_b+C_m}F = 8\,000 + \dfrac{4\times 10^5}{(4+16)\times 10^5} \times 4\,000 = 8\,800(\text{N})$

$$Q'_p = Q_p - \frac{C_m}{C_b+C_m}F = 8\,000 - \frac{16\times 10^5}{(4+16)\times 10^5} \times 4\,000 = 4\,800(\text{N})$$

(2) $\quad \sigma_{\min} = \dfrac{Q_p}{A} = \dfrac{8\,000}{96.6} = 82.8(\text{N/mm}^2)$，$\sigma_{\max} = \dfrac{Q}{A} = \dfrac{8\,800}{96.6} = 91.1(\text{N/mm}^2)$

$$\sigma_a = \frac{\sigma_{\max} - \sigma_{\min}}{2} = 4.15(\text{N/mm}^2),\ \sigma_m = \frac{\sigma_{\max}+\sigma_{\min}}{2} = 86.95(\text{N/mm}^2)$$

(3) 为了保证连接的紧密性，防止连接受载后接合面间产生缝隙。

4. 解：设螺栓和被连接件的刚度分别为 C_b, C_m，又 $C_b = \dfrac{Q_p}{\lambda_b}$，$C_m = \dfrac{Q_p}{\lambda_m}$，则

$$\frac{C_b}{C_b+C_m} = \frac{Q_p/\lambda_b}{Q_p/\lambda_b + Q_p/\lambda_m} = \frac{\lambda_m}{\lambda_m+\lambda_b} = \frac{0.05}{0.05+0.2} = 0.2$$

$$\frac{C_m}{C_b+C_m} = 1 - \frac{C_b}{C_b+C_m} = 0.8$$

由 $Q = Q_p + \dfrac{C_b}{C_b+C_m}F$，$Q'_p = Q_p - \dfrac{C_m}{C_b+C_m}F$ 得

当 $F_{\min} = 0$ 时，螺栓所受总载荷最小，最小值 $Q_{\min} = Q_p = 10\,000$ N，被连接件所受总载荷最大，最大值 $Q'_{p\max} = Q_p = 10\,000$ N；

当 $F_{\max} = 8\,000$ N 时，螺栓所受总载荷最大，最大值

$$Q_{\max} = Q_p + \frac{C_b}{C_b + C_m} F_{\max} = 10\,000 + 0.2 \times 8\,000 = 11\,600(\text{N})$$

被连接件所受总载荷最小，最小值

$$Q'_{p\min} = Q_p - \frac{C_m}{C_b + C_m} F_{\max} = 10\,000 - 0.8 \times 8\,000 = 3\,600(\text{N})$$

5. **解**：在轴向载荷 F 作用下，各螺栓所受工作拉力

$$F_1 = \frac{F}{z} = \frac{10}{4} = 2.5(\text{kN}) = 2\,500(\text{N})$$

在工作载荷 F 作用下，螺栓组承受的倾覆力矩

$$M = F \times OO' = 10 \times 10^3 \times 5\sqrt{2} \times 10^{-3} = 70.7(\text{N} \cdot \text{m})$$

经过分析知受力最大的螺栓为右上角螺栓。

$$F_{\max} = \frac{M \cdot l_{\max}}{\sum_{i=1}^{z} l_i^2} = \frac{Ml}{2l^2} = \frac{M}{2l} = \frac{70.7}{2 \times 200 \times \frac{\sqrt{2}}{2} \times 10^{-3}} = 250(\text{N})$$

所以右上角螺栓所受的轴向工作载荷，即工作拉力为

$$F_1 + F_{\max} = 2\,500 + 250 = 2\,750(\text{N})$$

6. **解**：螺栓的性能等级为 4.8，则螺栓的屈服强度为 320 MPa。

取防滑系数 $K_s = 1.2$。

根据题意，预紧力最大为 $0.7\sigma_s A = 0.7\sigma_s \frac{\pi}{4} d^2$，查阅手册可知 M12 螺栓的最小直径为 10.106 mm，

可得此连接能传递的横向载荷

$$F_\Sigma \leqslant \frac{F_0 f z i}{K_s} = \frac{320 \times 0.7 \times \pi \times 5.053^2 \times 0.3 \times 2 \times 1}{1.2} = 8\,984(\text{N})$$

7. **解**：复习知识点：金属垫片的相对刚度为 0.2~0.3；皮革垫片的相对刚度为 0.7；铜皮石棉垫片的相对刚度为 0.8；橡胶垫片的相对刚度为 0.9。

根据上面复习的知识点，将数据代入总拉力公式和残余预紧力公式，就可以求解出螺栓所受的总拉力及被连接件之间的残余预紧力。

总拉力为

$$F_2 = F_0 + \frac{C_b}{C_b + C_m} F$$

$$= 15\,000 + 0.9 \times 10\,000 = 24\,000(\text{N})$$

故残余预紧力
$$F_1 = F_2 - F = 24\,000 - 10\,000 = 14\,000(\text{N})$$

8. 解：(1)若减小 C_b，即减小了螺栓的刚度，在其预紧力 Q_p、被连接件刚度 C_m、工作载荷不变时，根据下面公式
$$Q = Q_p + \frac{C_b}{C_b + C_m}F$$
可知 C_b 减小，则 Q 减小；

同理，被连接件刚度 C_m 减小，在其预紧力 Q_p、螺栓刚度 C_b、工作载荷不变时，根据下面公式
$$Q = Q_p + \frac{C_b}{C_b + C_m}F$$
可知 C_m 减小，则 Q 增大。

所以，为了减小螺栓受到的总拉力，通常的措施是减小螺栓的刚度，或者增加被连接件的刚度。

(2)由 $F = 1\,000\text{ N}$，$C_m = 4C_b$，得螺栓的总载荷
$$Q = Q_p + \frac{C_b}{C_b + C_m}F = 800 + \frac{C_b}{C_b + 4C_b} \times 1\,000 = 1\,000(\text{N})$$

根据预紧力和残余预紧力的公式
$$Q_p = Q'_p + \frac{C_m}{C_b + C_m}F$$

可以求解得到残余预紧力
$$Q'_p = Q_p - \frac{C_m}{C_b + C_m}F = 800 - \frac{4C_b}{C_b + 4C_b}F = 800 - \frac{4}{5} \times 1\,000 = 0$$

9. 解：(1) $\quad F_2 = F_0 + \frac{C_b}{C_b + C_m}F = 1\,000 + 0.5 \times 1\,000 = 1\,500(\text{N})$
$$F_1 = F_0 - \left(1 - \frac{C_b}{C_b + C_m}\right)F = 1\,000 - 0.5 \times 1\,000 = 500(\text{N})$$

或 $F_1 = F_2 - F = 1\,500 - 1\,000 = 500\text{ (N)}$。

(2)为保证被连接件间不出现缝隙，则需有 $F_1 > 0$。

由 $F_1 = F_0 - \left(1 - \frac{C_b}{C_b + C_m}\right)F > 0$，得 $F \leqslant \dfrac{F_0}{1 - \dfrac{C_b}{C_b + C_m}} = \dfrac{1\,000}{1 - 0.5} = 2\,000(\text{N})$，所以
$$F_{\max} = 2\,000\text{ N}$$

第五章　键、花键、无键连接和销连接

一、判断题

题号	1	2	3	4	5
答案	F	F	F	F	F

二、选择题

题号	1	2	3	4	5	6	7	8	9	10
答案	C	A	D	C	C	D	A	B	D	A;C
题号	11	12	13	14						
答案	A	C	C	C						

三、填空题

1. 上下两面

2. 左右两个侧面

3. $b×h$　查找手册　轮毂的长度和键的强度

4. 1.5

5. 挤压　耐磨

6. 键　键槽

7. 齿面压溃　齿面过度磨损

8. 楔

9. 好　方便　强

10. 两侧面　同一条母线上

11. 两侧面

12. 压溃　180°

13. 轴的直径

14. 平键连接　半圆键连接　楔键连接　切向键连接

15. 轴的直径

四、简答题

1. 答：降低螺栓的刚度，提高被连接件的刚度和预紧力，使其受力变化幅值降低，提高疲劳强度。

2. 答：薄型平键的高度为普通平键的 60%～70%，传递转矩的能力比普通平键低，常用于薄壁结构、空心轴以及一些径向尺寸受限制的场合。

3. 答：半圆键的主要优点是加工工艺性好，装配方便，尤其适用于锥形轴端与轮毂的连接。主要缺点是轴上键槽较深，对轴的强度削弱较大。一般用于轻载静连接中。

4. 答：两个平键相隔 180°布置，对轴的削弱均匀，并且两键的挤压力对轴平衡，对轴不产生附加弯矩，受力状态好。

   两个楔键相隔 90°～120°布置。若夹角过小，则对轴的局部削弱过大，若夹角过大，则两个楔键的总承载能力下降。当夹角为 180°时，两个楔键的承载能力大体上只相当于一个楔键的承载能力。因此，两个楔键间的夹角既不能过大，也不能过小。

   半圆键在轴上的键槽较深，对轴的削弱较大，不宜将两个半圆键布置在轴的同一横截面上。故可将半圆键布置在轴的同一母线上。半圆键通常用于承载不大的场合，一般不采用两个半圆键。而采用两个半圆键时，由于半圆键对轴的削弱相对较大，两个半圆键不能放置在同一横截面上，只能放在轴的同一母线上。

5. 答：胀套串联使用时，由于各胀套的胀紧程度不同，因此各个胀套的承载能力有差别，所以计算时要引入额定载荷系数 m 来考虑这一因素的影响。

   Z_1 型胀套在串联使用时，由于夹紧力的传递受到摩擦力的影响，内、外侧胀套的胀紧程度相差比较大，所以 m 值取得相对较小。

   Z_2 型胀套在串联使用时，各个胀套分别自行胀紧，由于先后胀紧的原因，内、外侧胀套的胀紧程度相差不大，所以 m 值取得大一些。

6. 答：花键连接的主要优点有：连接受力较为均匀；齿根处应力集中较小，轴与毂的强度削弱较少；可承受较大的载荷；轴上零件与轴的对中性好；导向性较好；可用磨削的方法提高加工精度及连接质量。

7. 答：键连接主要用来实现轴与轮毂间的周向固定以传递转矩，有的还能实现轴上零件的轴向固定。平键的两侧面是工作面，工作时，靠键与键槽侧面的挤压传递转矩，平键连接结构简单、装拆方便、对中性好；楔键的上下两面为工作面，键楔紧在轴与轮毂之间，其上下面产生很大的压力，工作时靠此压力产生的摩擦力传递转矩，还可传递单向轴向力，但是对中性不好。

8. 答：花键连接按齿形分为矩形花键连接和渐开线花键连接。矩形花键连接的定心方式为小径定心，渐开线花键连接的定心方式为渐开线齿形定心。

9. 答：销按用途分为三类：定位销、连接销、安全销。

定位销：主要用于零件间位置定位，常用作组合加工和装配时的重要辅助零件。

连接销：主要用于零件间的连接或锁定，可传递不大的载荷。

安全销：主要用于安全保护装置中的过载剪断元件。

五、计算题

1. 解：对于 A 型平键连接，键的工作长度为 $l = L - b = 70 - 18 = 52 \text{(mm)}$，由轴直径为 60 mm，查表可得 $h = 11$ mm，于是该键的挤压应力为

$$\sigma_p = \frac{2T}{d} \Big/ \frac{h}{2} l = \frac{4T}{dhl} = \frac{4 \times 1\,200 \times 10^3}{60 \times 11 \times 52} = 139.86 \text{(MPa)} < 150 \text{ MPa} = [\sigma_p]$$

可见该键的强度满足要求。

2. 解：A 型平键的工作长度 $l = L - b = 80 - 16 = 64 \text{(mm)}$。

取许用挤压应力 $[\sigma_p] = 80$ MPa，由公式 $\sigma_p = \frac{4T}{dhl} \leqslant [\sigma_p]$ 得可传递最大转矩 $T_{\max}$ 为

$$T_{\max} = \frac{[\sigma_p] dhl}{4} = \frac{80 \times 50 \times 10 \times 64 \times 10^{-3}}{4} = 640 \text{(N·m)}$$

若需传递的转矩为 900 N·m，超过了能传递的最大转矩，但小于采用双键连接的传动能力 $1.5\,T_{\max}$，所以可以采用双键，在圆周上相隔 180° 布置。

3. 解：采用 A 型普通平键，根据轴直径为 80 mm，可以查得键的横截面尺寸 $b = 22$ mm，$h = 14$ mm，根据轮毂的宽度

$$L = 1.5d = 1.5 \times 80 = 120 \text{(mm)}$$

则可以取键长为 90 mm。

根据题意，材料采用的是钢，且有轻微冲击，所以查表可得，许用挤压应力为 100～120 MPa，取一个平均值 110 MPa。

键连接的许用挤压应力、许用压力　　　　　　　　　　　单位：MPa

许用挤压应力、许用压力	连接工作方式	键或毂、轴的材料	载荷性质		
			静载荷	轻微冲击	冲击
$[\sigma_p]$	静连接	钢	120～150	100～120	60～90
		铸铁	70～80	50～60	30～45
$[p]$	动连接	钢	50	40	30

该键的工作长度

$$l = L - b = 90 - 22 = 68 \text{(mm)}$$

键与轮毂键槽的接触高度

$$k \approx h/2 = \frac{14}{2} = 7 \text{(mm)}$$

根据普通平键的挤压强度条件进行计算,得到此键能传递的最大转矩为

$$T_{max} = \frac{[\sigma_p]dkl}{2\,000} = \frac{110 \times 80 \times 7 \times 68}{2\,000} = 2\,094.4(\text{N} \cdot \text{m})$$

4. **解**:对于半圆键来说,首先,两个侧面是工作面,所以题图中两个侧面为间隙配合不正确。其次,如果一个半圆键不能满足强度要求,需要用到两个半圆键,则两个半圆键应该布置在轴的同一母线上,原因是半圆键对轴的削弱比较大。正确的绘制如图所示。

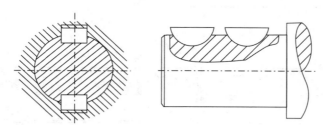

第六章　带传动

一、判断题

题号	1	2	3	4	5
答案	T	F	F	T	F

二、选择题

题号	1	2	3	4	5	6	7	8	9	10
答案	D	D	B	B	A	A	B	C	B	C
题号	11	12	13	14	15	16	17	18	19	20
答案	B	C	A	C	B	C	D	B	D	D
题号	21	22	23	24	25	26				
答案	D	D	B	B	C	C				

三、填空题

1. 带在松紧边的弹性变形不同　速度损失　传动效率下降、带与带轮磨损增加　减小松紧边拉力差,即有效拉力

2. 直径越小,带的弯曲应力越大　中心距一定时,传动比越大,小带轮包角越小,将降低带的传动性能

3. 拉应力　弯曲应力　离心应力　$\sigma_1 + \sigma_{b1} + \sigma_c$　带的紧边开始绕上小带轮　疲劳

4. 疲劳断裂　打滑

5. 带的紧边开始绕上小带轮处　皮带与小带轮

6. 摩擦力　打滑

7. 皮革、棉、麻、锦纶、聚氨酯等　小

8. 弹性滑动

9. 调整中心距　张紧轮装置

10. 弹性滑动　整体打滑　平均传动比

11. 大带轮　小带轮　功率

12. 有效拉力　带速

13. 不打滑　疲劳强度　寿命

14. 啮合

15. 更大

16. 计算功率　小轮转速

17. 摩擦力　两侧

18. 上方　下方

19. 高速　低速

20. 增大　增大

21. 啮合型带传动　传动带内表面上等距分布的横向齿和带轮上的相应齿槽的啮合

22. 轮毂　轮缘

23. 柔性好　摩擦力大　受力不均

四、简答题

1. 答：齿轮传动：闭式软齿面齿轮传动,以保证齿面接触疲劳强度为主；闭式硬齿面或开式齿轮传动,以保证齿根弯曲疲劳强度为主。

    带传动：保证不打滑的前提下,使带具有一定的疲劳强度和寿命。

2. 答：根数多结构大；由于带的长度误差,使各根带间受力不等。

3. 答：在带传动中,带的弹性滑动是由带的弹性变形以及传递动力时松紧边的拉力差造成的,是带在轮上的局部滑动。弹性滑动是带传动固有的,是不可避免的。弹性滑动使带传动的传动比增大。当带传动的负载过大,超过带与轮间的最大摩擦力时,将发生打滑,打滑时带在轮上全面滑动。打滑是带传动的一种失效形式,小带轮和带发生明显滑动,急剧降低了带的寿命,故需要避免。打滑首先发生在小带轮上,因为小带轮上带的包角小,所以带与轮间所能产生的最大摩擦力较小。

4. 答：小带轮的基准直径过小,将使 V 带在小带轮上的弯曲应力过大,使带的使用寿命下降。小带轮的基准直径过小,也使得带传递的功率过小,带的传动能力没有得到充分利用,是一种不合理的设计。若带速 v 过小,带所能传递的功率也小(因为 $P=Fv$),带的传动能力没有得到充分利用；若带速 v 过大,离心力使得带的传动能力下降过大,带传动在不利条件下工作,应当避免。

5. 答：因为带传动是靠带与带轮之间的摩擦力来传递运动和动力的,如果不张紧,摩擦力小,传递的功率小,甚至出现打滑失效,又由于带都不是完全的弹性体,工作一段时间以后,带由于发生塑性变形而松弛,为了保证带传动正常工作,必须要把带张紧。常见的张紧装置有：①定期张紧装置(滑道式张紧装置、摆架式张紧装置);②自动张紧装置;③张紧轮装置。

6. 答:小带轮齿数越少,传动越不平稳,冲击、磨损加剧;小带轮齿数过多,大带轮齿数也随着增多,使传动装置的尺寸增大,同时,节距因磨损加大后,容易产生脱链。

7. 答:一方面,中心距越小,带长越短,因此,在一定的带速下,单位时间内带的应力变化次数越多,从而使带的疲劳强度降低;另一方面,在传动比一定的条件下,中心距越小,小带轮的包角也越小,从而使传动能力降低。所以,在带传动设计中,需要限制最小中心距。在中心距不变的情况下,当传动比过大时,会导致小带轮的包角过小,从而使传动能力降低,因此要限制其最大传动比。

五、计算题

1. 解:①带速 $v = \dfrac{\pi d_1 n_1}{60 \times 1\,000} = \dfrac{\pi \times 0.45 \times 400}{60} = 9.42 (\text{m/s})$。

②包角
$$\alpha \approx 180° - (d_2 - d_1) \times 60°/a = 180° - (650 - 450) \times 60°/1\,500$$
$$= 172° \approx 3.0 \text{ rad} > 120°$$

③有效拉力 $F = \dfrac{1\,000 P}{v} = \dfrac{1\,000 \times 5}{9.42} = 530.79 (\text{N})$。

④由公式 $F = 2F_0 \dfrac{e^{f_v \alpha} - 1}{e^{f_v \alpha} + 1}$,可得预紧力
$$F_0 = \dfrac{F}{2} \cdot \dfrac{e^{f_v \alpha} + 1}{e^{f_v \alpha} - 1} = \dfrac{530.79}{2} \times \dfrac{2.718^{0.2 \times 3.0} + 1}{2.718^{0.2 \times 3.0} - 1} = 911(\text{N})$$

2. 解:带速 $v = \dfrac{\pi D_1 n_1}{60 \times 1\,000} = \dfrac{\pi \times 0.45 \times 350}{60} = 8.25 (\text{m/s})$。

小带轮包角 $\alpha_1 \approx 180° - (D_2 - D_1) \times 60°/a = 165° \approx 2.88 \text{ rad}$。
当带即将打滑时,有
$$F_1 = F_2 e^{f_v \alpha_1} = F_2 e^{0.2 \times 2.88} = 1.78 F_2$$

3. 解:先求出带传动的极限有效拉力 F_{elim}。由公式 $F_{elim} = 2F_0 \left(1 - \dfrac{2}{1 + e^{f_v \alpha}}\right)$,可得
$$F_{elim} = 2 \times 100 \times \left(1 - \dfrac{2}{1 + e^{0.512\,3 \times 3.14}}\right) = 133.3(\text{N})$$

而传递的有效拉力为 $F_e = 130 \text{ N} < F_{elim} = 133.3 \text{ N}$,有效拉力小于极限有效拉力,带传动不会打滑。

4. 解:(1)两种传动装置传递的圆周力一样大。根据 $F_e = 2F_0 \left(1 - \dfrac{2}{1 + e^{f\alpha}}\right)$ 可知,两种传动装置的最小包角 α 一样,摩擦系数 f 和初拉力 F_0 也相同,故 F_e 相等。

(2)题图(b)传动装置传递的功率大。因为 $d_1 < d_3$，所以

$$v_a = \frac{\pi d_1 n}{60 \times 1\,000} < \frac{\pi d_3 n}{60 \times 1\,000} = v_b$$

又 $P = \frac{F_e v}{1\,000}$，而由(1)知，题图(a)和题图(b)装置中的 F_e 相同，故 $P_a < P_b$。

(3)题图(a)传动装置的带寿命长。因为两种传动装置传递的圆周力相同，但 $v_a < v_b$，单位时间内题图(b)装置带的应力循环次数多，容易疲劳破坏。

5. **解**：(1)最大有效拉力：

$$F_{ec} = 2F_0 \frac{1 - 1/e^{fv\alpha}}{1 + 1/e^{fv\alpha}} = 2 \times 360 \times \frac{1 - 1/e^{0.51\pi}}{1 + 1/e^{0.51\pi}} = 478.55(\text{N})$$

(2)传递的最大转矩：

$$T = F_{ec} \times \frac{d_{d1}}{2} = 478.55 \times \frac{100}{2} = 23\,927.5(\text{N} \cdot \text{mm})$$

(3)由 $P = \frac{F_{ec} v}{1\,000} \eta$，其中带速 $v = \frac{\pi d_{d1} n_1}{60 \times 1\,000} = \frac{\pi \times 100 \times 1\,450}{60 \times 1\,000} = 7.59(\text{m/s})$，可得输出功率：

$$P = \frac{F_{ec} v}{1\,000} \eta = \frac{478.55 \times 7.59}{1\,000} \times 0.95 = 3.45(\text{kW})$$

6. **解**：根据公式 $P = \frac{F_e v}{1\,000}$，可以推出

$$F_e = \frac{1\,000 P}{v} = \frac{1\,000 \times 7.5}{10} = 750(\text{N})$$

由于 $F_e = F_1 - F_2$，且 $F_1 = 2F_2$，可得

$$F_1 = 2F_2 = 2 \times 750 = 1\,500(\text{N})$$

由于 $F_1 = F_0 + \frac{F_e}{2}$，可得初拉力为

$$F_0 = F_1 - \frac{F_e}{2} = 1\,500 - \frac{750}{2} = 1\,125(\text{N})$$

7. **解**：根据大小带轮的转速可以确定大带轮的直径。值得注意的是，需要考虑滑动率的作用。

$$d_{d2} = \frac{d_{d1} n_1 (1 - \varepsilon)}{n_2} = \frac{180 \times 1\,450 \times (1 - 0.02)}{400} = 639.45(\text{mm})$$

注意大带轮也有一系列标准可以选择，通过下表进行大带轮的选择。

根据下表尺寸系列圆整之后，大带轮取一个相近的尺寸 $d_{d2} = 630$ mm。

普通 V 带轮的直径系列

带型	基准直径 d_d/mm
Y	20,22.4,25,28,31.5,35.5,40,45,50,56,63,71,80,90,100,112,125
Z	50,56,63,71,75,80,90,100,112,125,132,140,150,160,180,200,224,250,280,315,355,400,500,630
A	75,80,85,90,95,100,106,112,118,125,132,140,150,160,180,200,224,250,280,315,355,400,450,500,560,630,710,800
B	125,132,140,150,160,170,180,200,224,250,280,315,355,400,450,500,560,600,630,710,750,800,900,1 000,1 120
C	200,212,224,236,250,265,280,300,315,335,355,400,450,500,560,600,630,710,750,800,900,1 000,1 120,1 250,1 400,1 600,2 000
D	355,375,400,425,450,475,500,560,600,630,710,750,800,900,1 000,1 060,1 120,1 250,1 400,1 500,1 600,1 800,2 000
E	500,530,560,600,630,670,710,800,900,1 000,1 120,1 250,1 400,1 500,1 600,1 800,2 000,2 240,2 500

理论上,接下来是验算带速,但是本题已经将带速全部告知,就不用验算了。

已知中心距,确定 V 带的基准长度

$$L_{d0} = 2a + \frac{\pi}{2}(d_{d1} + d_{d2}) + \frac{(d_{d2} - d_{d1})^2}{4a}$$

$$= 2 \times 1\ 600 + \frac{\pi}{2} \times (180 + 630) + \frac{(630 - 180)^2}{4 \times 1\ 600}$$

$$= 4\ 503.3\,(\mathrm{mm})$$

查下表确定基准长度为 $4\ 500\ \mathrm{mm}$,其中 $K_L = 1.15$。

V带的基准长度系列及带长修正系数 K_L

基准长度 L_d/mm	带长修正系数 K_L						
	Y	Z	A	B	C	D	E
400	0.96	0.87					
450	1.00	0.89					
500	1.02	0.91					
560		0.94					
630		0.96	0.81				
710		0.99	0.83				
800		1.00	0.85				
900		1.03	0.87	0.82			
1 000		1.06	0.89	0.84			
1 120		1.08	0.91	0.86			
1 250		1.11	0.93	0.88			
1 400		1.14	0.96	0.90			
1 600		1.16	0.99	0.92	0.83		
1 800		1.18	1.01	0.95	0.86		
2 000			1.03	0.98	0.88		
2 240			1.06	1.00	0.91		
2 500			1.09	1.03	0.93		
2 800			1.11	1.05	0.95	0.83	
3 150			1.13	1.07	0.97	0.86	
3 550			1.17	1.09	0.99	0.89	
4 000			1.19	1.13	1.02	0.91	
4 500				1.15	1.04	0.93	0.90
5 000				1.18	1.07	0.96	0.92

验算小带轮包角

$$\alpha_1 \approx 180° - \frac{d_{d2}-d_{d1}}{a} \times 57.3° = 180° - \frac{630-180}{1\,600} \times 57.3° = 163.9° > 120°$$

根据 $z = \dfrac{K_A P}{(P_0+\Delta P_0)K_\alpha K_L}$,可以得出带能传递的功率

$$P = \frac{z(P_0+\Delta P_0)K_\alpha K_L}{K_A}$$

下面的主要工作就是查表获得相关数据,如下表所示,$P_0 = 4.39$ kW。

单根普通 V 带的基本额定功率 P_0

带型	小带轮的基准直径 d_{d1}/mm	小带轮转速 n_1/(r/min)									
		400	700	800	950	1 200	1 450	1 600	2 000	2 400	2 800
Z	50	0.06	0.09	0.10	0.12	0.14	0.16	0.17	0.20	0.22	0.26
	56	0.06	0.11	0.12	0.14	0.17	0.19	0.20	0.25	0.30	0.33
	63	0.08	0.13	0.15	0.18	0.22	0.25	0.27	0.32	0.37	0.41
	71	0.09	0.17	0.20	0.23	0.27	0.30	0.33	0.39	0.46	0.50
	80	0.14	0.20	0.22	0.26	0.30	0.35	0.39	0.44	0.50	0.56
	90	0.14	0.22	0.24	0.28	0.33	0.36	0.40	0.48	0.54	0.60
A	75	0.26	0.40	0.45	0.51	0.60	0.68	0.73	0.84	0.92	1.00
	90	0.39	0.61	0.68	0.77	0.93	1.07	1.15	1.34	1.50	1.64
	100	0.47	0.74	0.83	0.95	1.14	1.32	1.42	1.66	1.87	2.05
	112	0.56	0.90	1.00	1.15	1.39	1.61	1.74	2.04	2.30	2.51
	125	0.67	1.07	1.19	1.37	1.66	1.92	2.07	2.44	2.74	2.98
	140	0.78	1.26	1.41	1.62	1.96	2.28	2.45	2.87	3.22	3.48
	160	0.94	1.51	1.69	1.95	2.36	2.73	2.94	3.42	3.80	4.06
	180	1.09	1.76	1.97	2.27	2.74	3.16	3.40	3.93	4.32	4.54
B	125	0.84	1.30	1.44	1.64	1.93	2.19	2.33	2.64	2.85	2.96
	140	1.05	1.64	1.82	2.08	2.47	2.82	3.00	3.42	3.70	3.85
	160	1.32	2.09	2.32	2.66	3.17	3.62	3.86	4.40	4.75	4.89
	180	1.59	2.53	2.81	3.22	3.85	4.39	4.68	5.30	5.67	5.76
	200	1.85	2.96	3.30	3.77	4.50	5.13	5.46	6.13	6.47	6.43
	224	2.17	3.47	3.86	4.42	5.26	5.97	6.33	7.02	7.25	6.95
	250	2.50	4.00	4.46	5.10	6.04	6.82	7.20	7.87	7.89	7.14
	280	2.89	4.61	5.13	5.85	6.90	7.76	8.13	8.60	8.22	6.80

如下表所示，根据传动比 $i = \dfrac{1\,450}{400} = 3.6$ 及带的型号 B，选择 $\Delta P_0 = 0.46$ kW。

单根普通 V 带额定功率的增量 ΔP_0

带型	传动比 i	小带轮转速 n_1/(r/min)									
		400	700	800	950	1 200	1 450	1 600	2 000	2 400	2 800
A	1.00~1.01	0.00	0.00	0.00	0.00	0.00	0.00	0.00	0.00	0.00	0.00
	1.02~1.04	0.01	0.01	0.01	0.01	0.02	0.02	0.02	0.03	0.03	0.04
	1.05~1.08	0.01	0.02	0.02	0.03	0.04	0.04	0.06	0.07	0.08
	1.09~1.12	0.02	0.03	0.03	0.04	0.05	0.06	0.06	0.08	0.10	0.11
	1.13~1.18	0.02	0.04	0.04	0.05	0.07	0.08	0.09	0.11	0.13	0.15
	1.19~1.24	0.03	0.05	0.05	0.06	0.08	0.09	0.11	0.13	0.16	0.19
	1.25~1.34	0.03	0.06	0.06	0.07	0.10	0.11	0.13	0.16	0.19	0.23
	1.35~1.50	0.04	0.07	0.08	0.08	0.11	0.13	0.15	0.19	0.23	0.26
	1.51~1.99	0.04	0.08	0.09	0.10	0.13	0.15	0.17	0.22	0.26	0.30
	≥2.00	0.05	0.09	0.10	0.11	0.15	0.17	0.19	0.24	0.29	0.34
B	1.00~1.01	0.00	0.00	0.00	0.00	0.00	0.00	0.00	0.00	0.00	0.00
	1.02~1.04	0.01	0.02	0.03	0.03	0.04	0.05	0.06	0.07	0.08	0.10
	1.05~1.08	0.03	0.05	0.06	0.07	0.10	0.11	0.14	0.17	0.20
	1.09~1.12	0.04	0.07	0.08	0.10	0.13	0.15	0.17	0.21	0.25	0.29
	1.13~1.18	0.06	0.10	0.11	0.13	0.17	0.20	0.23	0.28	0.34	0.39
	1.19~1.24	0.07	0.12	0.14	0.17	0.21	0.25	0.28	0.35	0.42	0.49
	1.25~1.34	0.08	0.15	0.17	0.20	0.25	0.31	0.34	0.42	0.51	0.59
	1.35~1.50	0.10	0.17	0.20	0.23	0.30	0.36	0.39	0.49	0.59	0.69
	1.51~1.99	0.11	0.20	0.23	0.26	0.34	0.40	0.45	0.56	0.68	0.79
	≥2.00	0.13	0.22	0.25	0.30	0.38	0.46	0.51	0.63	0.76	0.89

查下表可以得 $K_a = 0.96$。

包角修正系数

小带轮包角 $\alpha/(°)$	180	175	170	165	160	155	150	145	140	135	130	125	120
K_a	1.00	0.99	0.98	0.96	0.95	0.93	0.92	0.91	0.89	0.88	0.86	0.84	0.82

在确定基准长度的时候也由下表确定了 $K_L = 1.15$，工况系数 $K_A = 1.3$。

工作情况系数 K_A

工况		K_A					
		空、轻载启动			重载启动		
		每天工作小时数/h					
		<10	10~16	>16	<10	10~16	>16
载荷变动微小	液体搅拌机、通风机和鼓风机（≤7.5 kW）、离心式水泵和压缩机、轻负荷输送机	1.0	1.1	1.2	1.1	1.2	1.3
载荷变动小	带式输送机（不均匀负荷）、通风机（>7.5 kW）、旋转式水泵和压缩机（非离心式）、发电机、金属切削机床、印刷机、旋转筛、锯木机和木工机械	1.1	1.2	1.3	1.2	1.3	1.4
载荷变动较大	制砖机、斗式提升机、往复式水泵和压缩机、起重机、磨粉机、冲剪机床、橡胶机械、振动筛、纺织机械、重载输送机	1.2	1.3	1.4	1.4	1.5	1.6
载荷变动很大	破碎机（旋转式、颚式等）、磨碎机（球磨、棒磨、管磨）	1.3	1.4	1.5	1.5	1.6	1.8

通过确定上面所有的参数值，最终传递的功率如下：

$$P = \frac{z(P_0 + \Delta P_0)K_a K_L}{K_A} = \frac{2 \times (4.39 + 0.46) \times 0.96 \times 1.15}{1.3} = 8.24 \text{(kW)}$$

8. **解**：因为

$$P = \frac{F_e v}{1\,000}, \quad v = \frac{\pi d_1 n_1}{60 \times 1\,000} = \frac{\pi \times 100 \times 1\,200}{60 \times 1\,000} = 2\pi$$

所以

$$F_e = \frac{1\,000 P}{v} = \frac{1\,000 \times 7.5}{2\pi} = 1\,193.66 \text{(N)}$$

$$F_1 = 2F_2, \quad F_1 - F_2 = F_e$$

所以 $F_2 = 1\,193.66$ N，$F_1 = 2\,387.32$ N。

9. **解**：首先根据功率

$$P = \frac{zF_e v}{1\,000}$$

求解得到有效拉力

$$F_e = \frac{1\,000 P}{zv} = \frac{1\,000 \times 3.2}{4 \times 8.2} = 97.56 \text{(N)}$$

再根据紧边拉力和松边拉力与预紧力之间的关系可得

$$F_1 = F_0 + \frac{F_e}{2} = 120 + \frac{97.56}{2} = 168.78(\text{N})$$

$$F_2 = F_0 - \frac{F_e}{2} = 120 - \frac{97.56}{2} = 71.22(\text{N})$$

第七章 链传动

一、判断题

题号	1	2	3	4	5
答案	T	T	T	F	F

二、选择题

题号	1	2	3	4	5	6	7	8	9	10
答案	D	D	C	C	B	B	B	A	A	B
题号	11	12	13	14	15	16	17	18	19	20
答案	A	D	C	B	A	C	C	D	D	D

三、填空题

1. 链节数　奇数
2. 节距
3. 紧边　松边
4. 越大

四、简答题

1. 答：多边形效应指链传动的传动比变化与链条绕在链轮上的多边形特征有关的现象。多边形效应受齿轮节距的影响，链速和传动比的变化使链传动中产生加速度，从而产生附加载荷，引起冲击振动，故链传动不适合高速传动。

2. 答：链传动是属于带有中间挠性件的啮合传动。

   链传动的主要优点：与属于摩擦传动的带传动相比，链传动无弹性滑动与打滑现象，因而能保持准确的平均传动比，传动效率高；又因链条不需要像带那样张得很紧，所以作用于轴上的径向压力较小；在同样使用条件下，链传动结构较为紧凑；链传动能在高温及速度较低的情况下工作。与齿轮传动相比，链传动的安装精度要求较低，成本低廉，在远距离传动时，其结构比齿轮传动轻便得多。

链传动的主要缺点：在两根平行轴间只能用于同向回转的传动；运转时不能保持恒定的传动比；磨损后易发生跳齿；工作时有噪声；不宜在载荷变化很大与急速反向的传动中应用。

3. 答：链传动的主要参数是节距、链轮齿数、转速、滚子外径、内链节内宽、排距。

当链节数为偶数时，接头处可用开口销或弹簧卡片来固定，一般前者用于大节距链，后者用于小节距链。当链节数为奇数时，需采用过渡链节，过渡链节要受到附加弯矩的作用，所以在一般情况下最好不用奇数链节。

链轮齿数选择奇数，不和链节数成整数倍，防止齿轮和链条固定位置磨损。

4. 答：链传动一般应布置在铅垂平面内。如确有需要，则应考虑加托板或张紧轮等装置，并且设计较紧的中心距。

5. 答：优点：与滚子链相比，齿形链传动平稳、噪声小、承受冲击性能好、效率高、工作可靠，故常用于高速、大传动比和小中心距等工作条件较为严酷的场合。缺点：齿形链比滚子链的结构复杂、难以制造、价格较高。

6. 答：链的疲劳破坏；滚子套筒的冲击疲劳破坏；销轴与套筒的胶合；链条铰链磨损；过载拉断。

第八章 齿轮传动

一、判断题

题号	1	2	3	4	5	6	7	8	9	10
答案	F	F	F	F	F	F	F	T	T	T
题号	11	12	13	14	15					
答案	F	F	T	F	T					

二、选择题

题号	1	2	3	4	5	6	7	8	9	10
答案	C	C	B	D	B	A	A	C	C	B
题号	11	12	13	14	15	16	17	18	19	20
答案	A	B	B	B	D	C	C	C	C	C
题号	21	22	23	24	25	26	27			
答案	C	D	D	B	A	C	A			

三、填空题

1. 高

2. 节点　圆柱体

3. 平行轴齿轮传动　相交轴齿轮传动　交错轴齿轮传动　闭式齿轮传动　开式齿轮传动　软齿面齿轮传动　硬齿面齿轮传动

4. 齿面磨损　齿面点蚀　齿面胶合　齿面塑性变形

5. 表面淬火　渗碳　氮化

6. 齿面接触强度

7. 大　载荷分布不均　小　大　大

8. 使用系数 K_A　动载系数 K_V　齿间载荷分配系数 K_α　齿向载荷分布系数 K_β

9. 过载折断　疲劳折断

10. 钢　铸铁　非金属材料

11. 保证齿根弯曲疲劳强度及保证齿面接触疲劳强度
12. 传动效率高　传动比准确　传递功率大　结构紧凑

四、简答题

1. 答：齿轮传动的失效形式有轮齿折断、齿面胶合、齿面磨损、齿面点蚀、齿面塑性变形。带传动的失效形式有打滑和疲劳破坏。
2. 答：效率高；结构紧凑；工作可靠、寿命长；传动比稳定；制造及安装精度要求高。
3. 答：黏附磨损；磨粒磨损；疲劳磨损；冲蚀磨损；腐蚀磨损；微动磨损。
4. 答：轮齿折断应对方法包括①采用正变位齿轮,增大齿根强度；②减小齿根应力集中；③增大轴及支承的刚性；④采用合适的热处理方法,使齿芯材料具有足够的韧性；⑤采用喷丸、滚压等工艺措施对齿根表层进行强化处理。

   齿面磨损应对方法有采用闭式齿轮传动、提高齿面材料的硬度、降低齿面粗糙度、保持润滑油清洁等。

   齿面点蚀应对方法有提高齿轮材料的硬度、在啮合轮齿间加注润滑油减小摩擦、增加齿轮直径,减小接触应力。
5. 答：因为在开式齿轮传动中,产生磨粒磨损的速度比产生点蚀的速度还快,在点蚀形成之前,齿面的材料已经被磨掉,所以一般不会出现点蚀现象。
6. 答：①高速级。由于平行轴斜齿圆柱齿轮传动接触线倾斜,重合度大,同时啮合的齿对数多,因此传动平稳,噪声小,承载能力大,所以应置于高速级。

   ②低速级。因为锥齿轮的理论齿为球面渐开线,而实际加工出的齿形与其有较大的误差,不易获得高精度,所以在传动中会产生较大的振动和噪声,因而应置于低速级。
7. 答：齿轮上的公称载荷 F_n 是在平稳和理想条件下得来的,而在实际工作中,还应当考虑到原动机及工作机的不平稳对齿轮传动的影响,以及齿轮制造和安装误差等造成的影响,这些影响用载荷系数 K 来考虑。

$$K = K_A K_V K_\alpha K_\beta$$

   K_A 为使用系数,用于考虑原动机和工作机对齿轮传动的影响；K_V 为动载系数,用于考虑齿轮的精度和速度对动载荷大小的影响；K_α 为齿间载荷分配系数,用于考虑载荷在两对(或多对)齿上分配不均的影响；K_β 为齿向载荷分布系数,用于考虑载荷在沿轮齿接触线长度方向上分布不均的影响。
8. 答：高速重载的齿轮传动易出现热胶合,有些低速重载的齿轮传动会发生冷胶合。

   胶合破坏通常发生在轮齿相对滑动速度大的齿顶和齿根部位。

   采用抗胶合能力强的润滑油,在润滑油中加入极压添加剂,均可防止或减轻齿面的胶合。

9. 答：大尺寸的齿轮一般采用铸造毛坯，一般采用正火处理，可选用铸钢或铸铁作为齿轮材料。中等或中等以下尺寸要求较高的齿轮常选用锻造毛坯，一般用率可选择锻钢制作。齿轮尺寸较小又要求不高时，一般采用淬火处理，可选用圆钢作毛坯。

10. 答：闭式齿轮传动的主要失效形式为齿面点蚀和齿面胶合，设计准则为保证齿面接触疲劳强度和保证齿根弯曲疲劳强度，可采用合适的润滑方式和抗胶合能力强的润滑油来减轻胶合的影响。开式齿轮传动的主要失效形式为齿面磨损和轮齿折断，设计准则为保证齿根弯曲疲劳强度和通过齿面接触疲劳强度校核，可适当增大齿轮的模数来减轻齿面磨损对轮齿抗弯能力的影响。

11. 答：在直齿、斜齿圆柱齿轮传动中，轴系零件和支承箱体存在加工和装配偏差，使得两齿轮轴向错位而减少了轮齿的接触宽度。为此将小齿轮设计得比大齿轮宽一些，这样即使有少量轴向错位，也能保证轮齿的接触宽度为大齿轮宽度。

12. 答：直齿圆柱齿轮传动的失效形式：①轮齿折断；②齿面点蚀；③齿面磨损；④齿面胶合；⑤塑性变形。
    闭式硬齿面齿轮传动的设计准则是按齿根弯曲疲劳强度设计，按齿面接触疲劳强度进行校核。

13. 答：在平行轴斜齿圆柱齿轮减速箱设计中，采用硬齿面则齿轮齿数应该取少一些。
    硬齿面发生的破坏一般是齿根折断，因为按照齿根弯曲疲劳强度进行设计，所以直径相同的前提下，齿数少的话，模数增大，会增大齿根的强度。

14. 答：(1)因为硬度为 220~240 HBS，小于 350 HBS，所以齿轮为软齿面齿轮。
    (2)这种现象称为齿面点蚀。
    (3)小的凹坑属于早期点蚀，若该早期点蚀不再发展成破坏性点蚀，则该齿轮仍然可以继续使用。
    (4)采用合适黏度的润滑油对齿轮进行润滑，同时可以在润滑油中添加适量的极压添加剂，以增强润滑的效果。

15. 答：(1)不可行。
    (2)方案(b)中，带传动不适用，因为错装后带的传动扭矩增大，超过了带的设计传动扭矩。
    方案(b)中，齿轮传动适用，错装之后齿轮的传动扭矩减小，所以满足要求。

16. 答：提高齿轮抗弯疲劳强度的措施包括：增大齿根过渡圆角半径，消除加工刀痕，从而降低齿根应力集中；增大轴和支承的刚性，从而减小齿面局部受载；采取适合的热处理方式使轮的芯部具有足够的韧性；在齿根处进行喷丸、滚压等表面强化处理；齿轮采用正变位等。
    提高齿面抗点蚀能力的措施包括：提高齿面硬度；降低齿轮表面粗糙度；增大润滑油黏度；提

高加工安装精度以及减小动载荷;在允许范围内,采用较大变位系数的正传动,从而增大齿轮传动的综合曲率半径。

五、计算题

1. **解**:(1) $m_n = \dfrac{d_1 \cos\beta}{z_1} = \dfrac{70.13 \times \cos 12°}{28} = 2.45$ (mm),取 $m_n = 2.5$ mm。

(2) $z_2 = \dfrac{n_1 z_1}{n_2} = \dfrac{480 \times 28}{150} = 89.6$,为使 z_2 与 z_1 互为质数,取 $z_2 = 89$,所以

$$a = \dfrac{m_n(z_1 + z_2)}{2\cos\beta} = \dfrac{2.5 \times (28 + 89)}{2 \times \cos 12°} = 149.5 \text{ (mm)}$$

圆整取 $a = 150$ mm。

(3) 按圆整后的中心距修正螺旋角,得

$$\beta = \arccos\left[\dfrac{m_n(z_1+z_2)}{2a}\right] = \arccos\left(2.5 \times \dfrac{28+89}{2 \times 150}\right) = 12°50'19''$$

(4) 大、小齿轮的分度圆直径分别为

$$d_1 = \dfrac{z_1 m_n}{\cos\beta} = \dfrac{28 \times 2.5}{\cos 12°50'19''} = 71.79 \text{(mm)}$$

$$d_2 = \dfrac{z_2 m_n}{\cos\beta} = \dfrac{89 \times 2.5}{\cos 12°50'19''} = 228.2 \text{(mm)}$$

故大齿轮的齿宽为

$$B_2 = \Phi_d d_1 = 1.1 \times 71.79 = 78.97 \text{(mm)}$$

圆整为 $B_2 = 79$ mm,所以 $B_1 = B_2 + 5 = 84$(mm)。

2. **解**:根据齿轮弯曲疲劳强度计算公式 $\sigma_F = \dfrac{2KT_1}{\Phi_d z_1^2 m^3} Y_{Fa} Y_{sa} Y_\varepsilon = \dfrac{2KT_1}{\Phi_d d_1^2 m} Y_{Fa} Y_{sa} Y_\varepsilon$,可得三组方案的齿轮弯曲疲劳强度分别为

(1) $\sigma_{F1} = \dfrac{2KT_1 Y_\varepsilon}{\Phi_d d_1^2} \cdot \dfrac{Y_{Fa1} Y_{sa1}}{m} = \dfrac{2 \times 1.8 \times 120\,000 \times 1}{1 \times 60^2} \times \dfrac{4.07}{1.5} = 120 \times \dfrac{4.07}{1.5}$

$= 325.6 \text{(MPa)} > 315 \text{ MPa}$

$\sigma_{F2} = \dfrac{2KT_1 Y_\varepsilon}{\Phi_d d_1^2} \cdot \dfrac{Y_{Fa2} Y_{sa2}}{m} = 120 \times \dfrac{3.98}{1.5} = 318.4 \text{(MPa)} > 300 \text{ MPa}$

(2) $\sigma_{F1} = \dfrac{2KT_1 Y_\varepsilon}{\Phi_d d_1^2} \cdot \dfrac{Y_{Fa1} Y_{sa1}}{m} = 120 \times \dfrac{4.15}{2} = 249 \text{(MPa)} < 315 \text{ MPa}$

$\sigma_{F2} = \dfrac{2KT_1 Y_\varepsilon}{\Phi_d d_1^2} \cdot \dfrac{Y_{Fa2} Y_{sa2}}{m} = 120 \times \dfrac{4.03}{2} = 241.8 \text{(MPa)} < 300 \text{ MPa}$

(3) $\sigma_{F1} = \dfrac{2KT_1 Y_\varepsilon}{\Phi_d d_1^2} \cdot \dfrac{Y_{Fa1} Y_{sa1}}{m} = 120 \times \dfrac{4.37}{3} = 174.8 \text{(MPa)} < 315 \text{ MPa}$

$$\sigma_{F2} = \frac{2KT_1 Y_\varepsilon}{\Phi_d d_1^2} \cdot \frac{Y_{Fa2} Y_{sa2}}{m} = 120 \times \frac{4.07}{3} = 162.8(\text{MPa}) < 300 \text{ MPa}$$

由计算结果可以看出,方案(1)的两齿轮弯曲疲劳强度不够;方案(2)、方案(3)弯曲疲劳强度足够,但方案(2)比较好。原因是方案(2)中齿数多,可以增加传动的平稳性,模数少,降低齿高,从而减小切削量,还可减少齿面磨粒磨损及提高抗胶合能力。

3. **解:**(1)从下往上看,Ⅱ轴为逆时针回转,Ⅲ轴为顺时针回转,如图 $n_Ⅱ, n_Ⅲ$。

(2)齿轮3的螺旋线方向为左旋,齿轮4的螺旋线方向为右旋(见图)。

(3)齿轮2和齿轮3在啮合点处各分力方向如图所示。

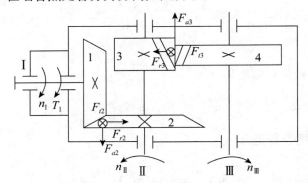

4. **解:**(1)因为斜齿轮外啮合旋向相反,所以齿轮2的旋向为右旋,通过左右手定则对齿轮1的轴向力方向判断,齿轮1的轴向力水平向左,所以齿轮2的轴向力水平向右。轴Ⅱ向上转动,轴Ⅱ上的轴向力完全抵消,所以齿轮3受到的轴向力水平向左,结合左右手定则,可知齿轮3为右旋,则齿轮4为左旋。具体如图所示。

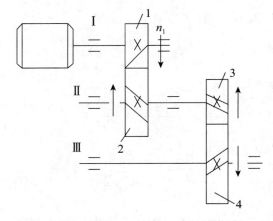

(2)根据轴Ⅱ上的轴向力完全抵消的要求,分别计算齿轮2和齿轮3的轴向力表达式。

$$F_{a2} = F_{t2}\tan\beta_2, \quad F_{t2} = \frac{2T_2}{d_2} = \frac{2T_2}{m_{n2}z_2/\cos\beta_2}$$

$$F_{a3} = F_{t3}\tan\beta_3, \quad F_{t3} = \frac{2T_2}{d_3} = \frac{2T_2}{m_{n3}z_3/\cos\beta_3}$$

两个轴向力相等,即

$$F_{a2} = F_{a3}$$
$$F_{t2}\tan\beta_2 = F_{t3}\tan\beta_3$$

代入公式化简得

$$\frac{\sin\beta_2}{m_{n2}z_2}m_{n3}z_3 = \sin\beta_3$$

即

$$\frac{\sin 15°}{5\times 40}\times 7\times 17 = \sin\beta_3$$

$$\beta_3 = 8.86°$$

5. 解:(1)求解 3 个方向的分力,核心是求解扭矩。

$$T_1 = \frac{9.55\times 10^6 P}{n} = \frac{9.55\times 10^6\times 3}{960} = 2.98\times 10^4(\text{N}\cdot\text{mm})$$

$$d_1 = \frac{m_n z_1}{\cos\beta} = \frac{2.5\times 21}{\cos 8.849\,725°} = 53.13(\text{mm})$$

齿轮 2 的 3 个方向的分力:

$$F_{t2} = F_{t1} = 2\frac{T_1}{d_1} = 1.12\times 10^3(\text{N})$$

$$F_{r2} = F_{r1} = \frac{F_{t1}\tan\alpha_n}{\cos\beta} = \frac{F_{t1}\tan 20°}{\cos\beta} = 4.1\times 10^2(\text{N})$$

$$F_{a2} = F_{a1} = F_{t1}\tan\beta = 1.7\times 10^2(\text{N})$$

(2) $$T_2 = i_{12}T_1 = \frac{z_2}{z_1}T_1 = \frac{62}{21}\times 2.98\times 10^4 = 8.8\times 10^4(\text{N}\cdot\text{mm})$$

设导程角为 γ,有

$$\tan\gamma = \frac{z_3}{q} = \frac{2}{10} = 0.2$$

$$\eta_1 = \frac{\tan\gamma}{\tan(\gamma+\rho')} = \frac{\tan\gamma(1-\tan\gamma\tan\rho')}{\tan\gamma+\tan\rho'} = 0.845\,4$$

$$T_3 = T_2 i\eta_1 = 8.8\times 10^4\times\frac{40}{2}\times 0.845\,4 = 1.49\times 10^6(\text{N}\cdot\text{mm})$$

第九章　蜗轮蜗杆传动

一、判断题

题号	1	2	3	4	5	6	7	8	9	10
答案	F	F	T	T	T	T	F	F	F	T

二、选择题

题号	1	2	3	4	5	6	7	8	9	10
答案	A	C	C	D	B	B	A	A	A	D
题号	11	12	13	14	15	16	17	18	19	20
答案	B	C	A	D	C	B	C	D	C	B
题号	21	22	23	24	25	26	27	28	29	
答案	A	A	D	D	B	B	D	C	B	

三、填空题

1. 相对滑动速度　效率
2. 齿面点蚀　齿面胶合　过度磨损　齿根折断
3. 相等
4. 啮合摩擦损耗
5. 减少摩擦损耗

四、简答题

1. 答：①传动比大,零件数目少,结构紧凑；②冲击载荷小,传动平稳,噪声低；③可实现自锁；④传动效率低,磨损较严重。

2. 答：①重载,高速,要求效率高、精度高的重要传动,选用圆弧圆柱（ZC）蜗杆传动或包络环面蜗杆传动；②要求传动效率高,蜗杆不易磨削的大功率传动,选用环面蜗杆传动；③速度高,要求较精密,蜗杆头数较多的传动,且要求加工工艺简单,选用渐开线圆柱（ZI）蜗杆传动、锥面包络（ZK）蜗杆传动或法向直廓（ZN）蜗杆传动；④载荷较小,速度较低,精度要求不高或不太重要的传动,且要求蜗杆加工简单,可选用阿基米德圆柱(ZA)蜗杆传动;⑤要求自锁的低速、轻载的传动,选用单头阿基米德圆柱(ZA)蜗杆传动。

3. 答:加散热片以增大散热面积;在蜗杆轴端加装风扇;在传动箱内装循环冷却管路。

4. 答:闭式蜗杆传动的功率损耗主要包括三部分:轮齿啮合的功率损耗、轴承中的摩擦损耗和搅动箱体内润滑油的油阻损耗。

5. 答:在机械系统中,原动机的转速通常比较高,需要用传动装置达到减速目的。蜗杆传动通常用于减速传动,故常以蜗杆为主动件。在蜗杆传动中,当蜗杆头数少时,通常具有自锁性,这时蜗轮不能作为主动件;当蜗杆头数多时,效率提高,传动不自锁,蜗轮可以作为主动件,但这种增速传动用得很少。

6. 答:为了限制切制蜗轮时所需蜗轮滚刀的数目以提高生产的经济性;保证配对的蜗杆与蜗轮能正确地啮合,提高蜗杆的分度圆直径 d 标准化的程度,即 $d=mq$。

五、计算题

1. 解:(1)在提升重物时,卷筒上的扭矩

$$T_4 = \frac{GD}{2} = \frac{20 \times 200}{2} = 2\,000(\text{N} \cdot \text{m})$$

z_1 上的扭矩

$$T_1 = \frac{T_4}{\eta} \cdot \frac{z_3}{z_4} \cdot \frac{z_1}{z_2} = 31.75(\text{N} \cdot \text{m})$$

所以推力 $F = \dfrac{31.75}{0.2} = 158.75(\text{N})$。

手柄转向应垂直纸面向里,如图(a)所示。

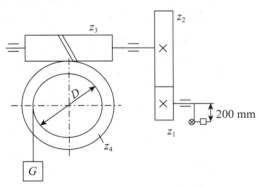

(a)

(2)因为是手动装置,运动速度低,可能的失效形式为过载折断,所以设计计算准则是按齿根弯曲疲劳强度计算。

(3)
$$\tan\gamma = \frac{z_3}{q} = \frac{1}{13} = 0.08, \tan\varphi_v = f_v = 0.15$$

因为 $\gamma < \varphi_v$,所以蜗杆传动可以自锁。

(4)蜗轮受力如图(b)所示。

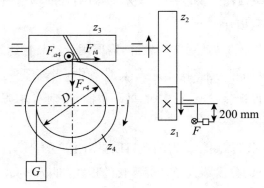

(b)

2. 解:(1)电动机转向如图(a)中箭头所示,向下。

(2)齿轮 2 右旋,齿轮 1 左旋,如图(a)所示。

$$\cos\beta = \frac{m_n(z_1+z_2)}{2a} = \frac{3\times(21+84)}{2\times160} = 0.98$$

所以 $\beta = 11.3°$。

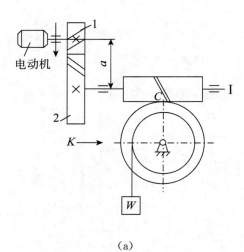

(a)

(3)蜗杆与蜗轮受力如图(b)所示。

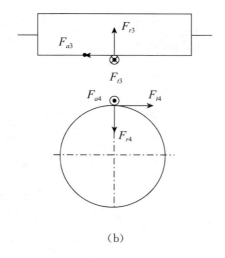

(b)

(4)电机功率

$$P = \frac{W_{max}dw}{2\eta_{齿轮}\eta_{蜗杆}\eta_{轴承}\eta_{卷筒}} = \frac{6\,200 \times 200 \times 10^{-3} \times 2\pi \times 85/60}{2 \times 0.95 \times 0.42 \times 0.98 \times 0.95} = 14\,857(\text{W})$$

(5)卷筒与蜗轮间的摩擦力

$$F = \frac{W_{max}d}{D_0} = \frac{6\,200 \times 200}{240} = 5\,167(\text{N})$$

单个螺栓的预紧力

$$F' = \frac{K_s F}{6f} = \frac{1.2 \times 5\,167}{6 \times 0.15} = 6\,889(\text{N})$$

所以 $\sigma_{ca} = \frac{1.3F'}{\pi d_1^2/4} = 111.7(\text{MPa}) < [\sigma]$，故螺栓强度足够。

3. **解：**本题的易错点：因为左右手定则只用在主动轮上，不能用在从动轮上，所以左右手定则在本题的应用对象是齿轮1和齿轮3这两个齿轮。

(1)首先从锥齿轮开始受力分析，锥齿轮的受力相对来说比较容易确定。齿轮5受到的轴向力向右，由于Ⅲ轴上的轴向力最小，所以判断齿轮4上的轴向力应该是向左。由于斜齿轮3与齿轮4为作用力和反作用力，可以判断齿轮3受到的轴向力向右。根据Ⅱ轴上的轴向力为最小，所以蜗轮受到向左的力，蜗轮给蜗杆的力是向右的，由于蜗杆是主动轮，因此转向和切向受力的方向相反，所以蜗杆顺时针转动。由于蜗轮是右旋，因此用右手定则来判断蜗轮的旋转方向 n_2，从而判断Ⅱ轴的旋转方向，根据齿轮的外啮判断Ⅲ轴的旋转方向，最后判断Ⅳ轴的旋转方向，判断出轴的旋转方向，上面的齿轮旋转和轴的旋转方向相同。

(2)判断斜齿轮的旋向用的是左右手定则，判断齿轮3(主动轮)上的旋向，为右旋，由此可以推出斜齿轮4的旋向为左旋。

(3)各轴向力的方向，结合第(1)问的解答，先从锥齿轮的受力分析开始入手，齿轮6的轴向力向下,齿轮 5 的轴向力水平向右,齿轮 4 的轴向力水平向左,齿轮 3 的轴向力水平向右,蜗轮 2 的轴向力水平向左,蜗杆轴向力垂直纸面向里。

各轮向、方向如图所示。

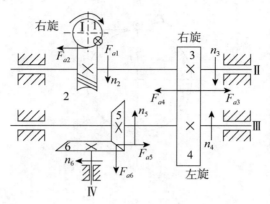

4. 解：如图所示：

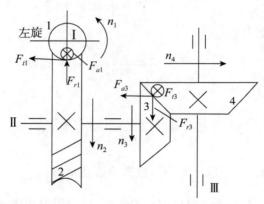

5. 解：(1)传动简图如图(a)所示。

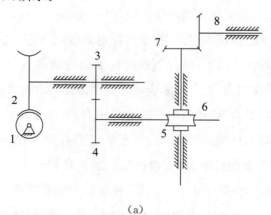

(a)

(2)蜗杆 1 的转向为顺时针转动,如图(b)所示。

(3)由(2)可知,斜齿圆柱齿轮 3 为左旋,蜗轮 2 为左旋,蜗轮 6 为右旋。

(4)斜齿轮 3 的 3 个分力方向如图(b)所示。

(5)蜗杆 1 和蜗轮 6 的圆周力和轴向力方向如图(b)所示。

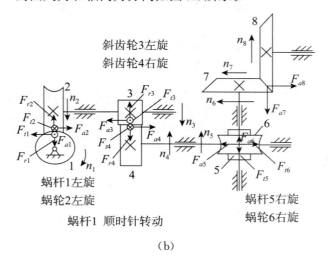

(b)

6. **解**：(1)由齿轮 4 的转向及旋向，可以看出齿轮 3 的转向从右往左看为顺时针方向，旋向为右旋。因齿轮 3 为主动轮，根据右手定则可以判断出其所受轴向力为水平向左，欲使 2 轴上轴向力抵消一部分，则蜗轮所受轴向力应为水平向右，转向与齿轮 3 一致，可以根据左右手定则，但是因其为从动轮，故可判断出其旋向应为右旋。因蜗杆所受圆周力与蜗轮轴向力大小相等、方向相反，故为水平向左，所以蜗杆转向从外往里看应为顺时针。

(2)蜗轮上在啮合点处的受力如图所示。

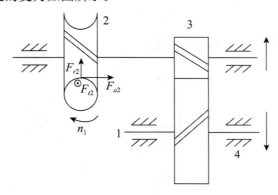

第十章 滑动轴承

一、判断题

题号	1	2	3	4	5	6	7	8	9	10
答案	F	T	T	F	T	T	F	T	T	F
题号	11	12								
答案	F	T								

二、选择题

题号	1	2	3	4	5	6	7	8	9	10
答案	A;C	B	B	C	B	C	C	D	D	B
题号	11									
答案	A									

三、填空题

1. 整体轴套　单层、双层或多层材料的卷制轴套

2. 限制发热量

3. 径向轴承　止推轴承

4. 磨粒磨损　刮伤　胶合　疲劳剥落　腐蚀

5. 相对间隙　偏心距　半径间隙

6. 轴承座　止推轴颈　空心式　单环式　多环式

7. 提高　减小

8. 57 300 N

9. pv

10. 非承载区

11. 增大　减小

四、简答题

1. 答：限制轴承的压强 p 是为了保证润滑油不被过大的压力挤出，使得轴瓦不致产生过度的磨损。限制轴承的 pv 值是为了限制轴承的温升，从而保证油膜不破裂，因为 pv 值是与摩擦功率损耗成正比的。在平均压强 p 较小时，p 和 pv 验算均合格，但是由于轴发生弯曲或不同心等引起轴承边缘局部压强相当高，当滑动速度高时，局部区域的 pv 值可能超过许用值，所以在 p 较小时还应限制轴颈的滑动速度 v。

2. 答：与滚动轴承相比，滑动轴承的特点有：径向尺寸小；承载能力大；耐冲击性能好；形成液体润滑后工作平稳、摩擦系数小、精度高。滑动轴承适用于高速或低速、高精度、重载或冲击载荷的场合。

3. 答：若宽径比 B/d 大，则轴承的承载能力大，温升高。反之，则轴承的承载能力小，温升低。若润滑油的黏度大，则轴承的承载能力大，内摩擦大，温升高。反之，则轴承的承载能力小，内摩擦小，温升低。

4. 答：不同点：动压滑动轴承是利用轴颈与轴承表面间形成的收敛间隙，靠两表面间的相对滑动速度使具有一定黏度的润滑油充满楔形间隙，形成油膜，油膜产生的动压力与外载荷平衡，形成液体润滑。静压滑动轴承是利用油泵将具有一定压力的润滑油送入轴承间隙里，强制形成压力油膜以完全隔开摩擦表面，形成液体摩擦润滑，实现轴颈在任何转速下都能得到液体润滑。

   相同点：两者都可以形成油膜，轴承运行过程摩擦阻力很小，运行过程中的阻力主要都来源于润滑油内部阻力。

5. 答：非完全液体润滑包括边界润滑、混合润滑等，这类的润滑方式选择润滑剂主要依据的是润滑剂的油性，即吸附在金属表面的能力，吸附能力的强弱代表了承载能力的大小。
   对于完全液体润滑来说，选择润滑剂主要依据的是润滑油的黏度，其中动压滑动油膜的承载能力公式 $F = \dfrac{\eta \omega d B}{\psi^2} C_p$ 就包含了润滑剂的黏度。

6. 答：在滑动轴承上开设油孔和油槽时，应注意：①油孔和油槽只能开在非承载区，否则会降低油膜的承载能力；②轴向油槽应较轴承宽度稍短，以便在轴瓦两端留有封油面，防止润滑油从端部大量流失；③对于整体式径向轴承，单轴向油槽最好开在最大油膜厚度位置，以保证润滑油从压力最小的地方输入轴承。

7. 答：选择润滑脂品种的一般原则为：
   ①当压力高和滑动速度低时，选择针入度小一些的品种，反之，选择针入度大一些的品种；

②所用润滑脂的滴点,一般应较轴承的工作温度高 20～30 ℃,以免工作时润滑脂过多地流失;

③在有水淋或潮湿的环境下,应选择防水性强的钙基或铝基润滑脂,在温度较高处应选用钠基或复合钙基润滑脂。

8. **答**:轴瓦表面的失效包括磨粒磨损、刮伤、胶合、疲劳剥落和腐蚀。轴瓦材料应具有良好的减摩性和耐磨性,良好的承载性和抗疲劳性,良好的顺应性(以避免表面间的卡死和划伤),良好的加工工艺性与经济性。另外,在可能产生胶合的场合,应选用具有抗胶合性的材料。

9. **答**:为了将润滑油引入轴承,故要开设油孔和油槽。

在剖分式轴承中,润滑油应由非承载区进入,以免破坏承载区润滑油膜的连续性,降低轴承的承载能力,故进油口开在上瓦顶部。油槽离轴瓦两端应有段距离,不能开通,以减少端部泄油。

10. **答**:对开式轴瓦有厚壁轴瓦和薄壁轴瓦之分。厚壁轴瓦用铸造方法制造,内表面可附有轴承衬,常将轴承合金用离心铸造法浇注在铸铁、钢或青铜轴瓦的内表面上。薄壁轴瓦能用双金属板连续轧制等新工艺进行大量生产,质量稳定,成本低,但轴瓦刚性小,装配时不再修刮轴瓦内圆表面,轴瓦受力后,其形状完全取决于轴承座的形状,因此,轴瓦和轴承座均需精密加工。

五、计算题

1. **解**:(1)验证轴承是否过度磨损和发热。

①分析轴承在液体动力润滑状态下承受的最大载荷。

$$h_{min} = [h_{min}]$$
$$\delta(1-\chi) = S(R_{z1}+R_{z2})$$

取
$$S = 2$$

则
$$\chi = 1 - \frac{S(R_{z1}+R_{z2})}{\delta} = 0.85$$

由 $B/d=1$ 及 $\chi=0.85$,查表得到 $C_p=4.808$,又因为

$$\psi = \frac{\delta}{r} = 0.000\ 9$$

$$F_{max} = \eta \cdot \omega \cdot d \cdot B \cdot C_p / \psi^2$$
$$= 0.014\ 5 \times \frac{2\pi \times 1\ 000}{60} \times 0.15 \times 0.15 \times 4.808 / 0.000\ 9^2$$
$$= 202\ 796(N)$$

因为 $F_{max} > F$,所以此轴承在液体动力润滑状态下可以使用,且不会过度磨损和发热。

②轴承在不完全液体润滑状态下。

$$p = \frac{F}{dB} = \frac{5 \times 10^4}{150 \times 150} = 2.22(\text{MPa}) < [p]$$

$$pv = \frac{F}{dB} \frac{\pi dn}{60 \times 1\,000} = \frac{F \cdot n}{19\,100 B} = \frac{5 \times 10^4 \times 10^3}{19\,100 \times 150} = 17.45(\text{MPa} \cdot \text{m/s}) < [pv]$$

$$v = \frac{\pi dn}{60 \times 1\,000} = \frac{\pi \times 150 \times 10^3}{60 \times 1\,000} = 7.85(\text{m/s}) < [v] = 10 \text{ m/s}$$

所以此轴承在不完全液体润滑状态下也不会过度磨损和发热。

(2)由(1)可知此轴承能形成液体动力润滑。

2. 解:(1)液体动压润滑形成的必要条件包括:相对运动两个表面必须形成楔形空间;两个表面之间必须有一定的相对滑动速度,且运动方向必须使润滑油从大端流入,从小端流出;润滑油必须有一定黏度,供油充分。

(2)绘制运动方向的时候,主要做题思路是无论是哪个板子固定,总是习惯将倾斜的板子固定之后移动水平的板子。依靠的理论是油吸附到水平板的表面跟其一起运动,以此推导,B 板是水平向左运动才可以形成油膜,那根据相对运动来说,A 板应该是向右运动,如图所示。

(3)油膜压力在 A 板上的分布如图所示。

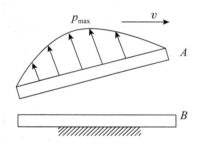

3. 解:该轴承工作在不完全液体润滑状态下。

①根据 $[p]$ 值求最大承载能力 F_{max1}。

$$p = \frac{F}{dB} \leqslant [p]$$

$$F_{\text{max1}} = [p] \cdot d \cdot B = 15 \times 100 \times 100 = 1.5 \times 10^5(\text{N})$$

②根据 $[pv]$ 值求最大承载能力 F_{max2}。

$$pv = \frac{F}{dB} \frac{\pi dn}{60 \times 1\,000} = \frac{Fn}{19\,100 B} \leqslant [pv]$$

最大承载能力

$$F_{\text{max2}} = \frac{[pv] \times 19\,100 \times 100}{1\,200} = 23\,875(\text{N})$$

③验算滑动速度 v。

$$v = \frac{\pi dn}{60 \times 1\,000} = \frac{\pi \times 100 \times 1\,200}{60 \times 1\,000} = 6.28(\text{m/s}) < [v]$$

因为 $F_{max2} < F_{max1}$，所以该轴承所能承受的最大载荷为 23 875 N。

4. 解：常用金属轴承材料性能如表所示。

常用金属轴承材料性能

材料类别	牌号（名称）	最大许用值			最高工作温度/℃	轴颈硬度/HBS	性能比较				备注
		$[p]$/MPa	$[v]$/(m/s)	$[pv]$/(MPa·m/s)			抗胶合性	顺应性	嵌入性	耐蚀性	疲劳强度
锡基轴承合金	ZSnSb11Cu6 ZSnSb8Cu4	平稳载荷			150	150	1	1	1	5	用于高速、重载下工作的重要轴承，变载荷下易于疲劳，价贵
		25	80	20							
		冲击载荷									
		20	60	15							
铅基轴承合金	ZPbSb16Sn16Cu2	15	12	10	150	150	1	1	3	5	用于中速、中等载荷的轴承，不宜受显著冲击。可作为锡锑轴承合金的代用品
	ZPbSb15Sn5Cu3Cd2	5	8	5							
锡青铜	ZCuSn10P1（10—1 锡青铜）	15	10	15	280	300～400	3	5	1	1	用于中速、重载及受变载荷的轴承
	ZCuSn5Pb5Zn5（5—5—5 锡青铜）	8	3	15							用于中速、中载的轴承
铅青铜	ZCuPb30（30 铅青铜）	25	12	30	280	300	3	4	4	2	用于高速、重载轴承，能承受变载和冲击
铝青铜	ZCuAl10Fe3（10—3 铝青铜）	15	4	12	280	300	5	5	5	2	最宜用于润滑充分的低速重载轴承

查表可知许用 $[p]=15$ MPa，$[pv]=12$ MPa·m/s。

根据轴承的平均压力校核公式可得

$$F \leq [p]dB = 15 \times 200 \times 200 = 6 \times 10^5 (\text{N})$$

根据轴承 pv 值校核公式可得

$$F \leq \frac{[pv] \times 19\,100 \times B}{n} = \frac{12 \times 19\,100 \times 200}{300} = 1.528 \times 10^5 (\text{N})$$

综上可知，该轴承可以承受的最大径向载荷为 1.528×10^5 N。

5. **解**：本题有两种解题思路：一种是在 35 000 N 作用下，计算出最小油膜厚度，最小油膜厚度如果满足许用的油膜厚度，则可以形成动压油膜；另一种是将许用油膜厚度 $[h]$ 代入公式计算出可以承受的最大径向力 F，并和 35 000 N 比较，如果承受的最大径向力大于 35 000 N，则可以实现液体动压滑动。

法一 润滑油的"黏-温"性能如图所示。

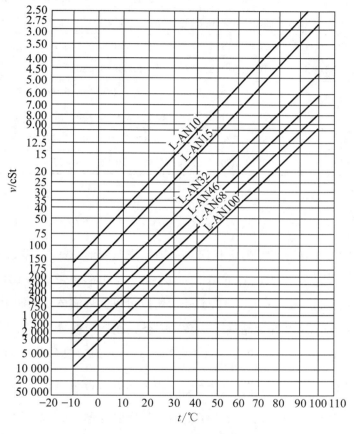

由图查得 L-AN32 的运动黏度 $\nu_{50} = 22$ cSt，由此可换算出其在 50 ℃时的动力黏度

$$\eta_{50} = \rho \nu_{50} \times 10^{-6} = 900 \times 22 \times 10^{-6} = 0.019\ 8(\text{Pa·s})$$

轴颈的圆周速度

$$v = \frac{\pi d n}{60 \times 1\ 000} = \frac{\pi \times 100 \times 1\ 000}{60 \times 1\ 000} = 5.23(\text{m/s})$$

由此可计算承载量系数

$$C_p = \frac{F\psi^2}{2\eta_{50} v B} = \frac{35\ 000 \times 0.001^2}{2 \times 0.019\ 8 \times 5.23 \times 0.1} = 1.69$$

根据 C_p 和宽径比 $B/d = 1$，查表，用插值法得偏心率 $\chi = 0.67$。

有限宽轴承的承载量系数 C_p

B/d	\multicolumn{14}{c}{χ}
	0.3	0.4	0.5	0.6	0.65	0.7	0.75	0.80	0.85	0.90	0.925	0.95	0.975	0.99
	\multicolumn{14}{c}{承载量系数 C_p}
0.3	0.052 2	0.082 6	0.128	0.203	0.259	0.347	0.475	0.699	1.122	2.074	3.352	5.73	15.15	50.52
0.4	0.089 3	0.141	0.216	0.339	0.431	0.573	0.776	1.079	1.775	3.195	5.055	8.393	21.00	65.26
0.5	0.133	0.209	0.317	0.493	0.622	0.819	1.098	1.572	2.428	4.261	6.615	10.706	25.62	75.86
0.6	0.182	0.283	0.427	0.655	0.819	1.070	1.418	2.001	3.036	5.214	7.956	12.64	29.17	83.21
0.7	0.234	0.361	0.538	0.816	1.014	1.312	1.720	2.399	3.580	6.029	9.072	14.14	31.88	88.90
0.8	0.287	0.439	0.647	0.972	1.199	1.538	1.965	2.754	4.053	6.721	9.992	15.37	33.99	92.89
0.9	0.339	0.515	0.754	1.118	1.371	1.745	2.248	3.067	4.459	7.294	10.753	16.37	35.66	96.35
1.0	0.391	0.589	0.853	1.253	1.528	1.929	2.469	3.372	4.808	7.772	11.38	17.18	37.00	98.95
1.1	0.440	0.658	0.947	1.377	1.669	2.097	2.664	3.580	5.106	8.186	11.91	17.86	38.12	101.15

故最小油膜厚度：

$$h_{min} = \frac{d}{2}\psi(1-\chi) = \frac{100}{2} \times 0.001 \times (1-0.67) = 16.5(\mu m)$$

承受最大载荷时，考虑到表面几何形状误差和轴颈挠曲变形，选安全系数 $S=2$，则许用油膜厚度

$$[h] = S(Ra_1 + Ra_2) = 2 \times (0.4 + 0.8) = 2.4(\mu m)$$

综上可知，$h_{min} = 16.5 \ \mu m > [h] = 2.4 \ \mu m$，所以可以实现液体动力润滑。

法二 由图查得 L—AN32 的运动黏度 $\nu_{50} = 22$ cSt，由此可换算出其在 50 ℃时的动力黏度

$$\eta_{50} = \rho\nu_{50} \times 10^{-6} = 900 \times 22 \times 10^{-6} = 0.019 \ 8(Pa \cdot s)$$

轴颈转速

$$\omega = \frac{2\pi n}{60} = \frac{2\pi \times 1\ 000}{60} = 104.7(rad/s)$$

承受最大载荷时，考虑到表面几何形状误差和轴颈挠曲变形，选安全系数 $S=2$，取最小油膜厚度等于许用油膜厚度，即 $r\psi(1-\chi) = [h] = S(R_{z1} + R_{z2})$，所以

$$\chi_{max} = 1 - \frac{S(R_{z1} + R_{z2})}{r\psi} = 1 - \frac{2 \times 0.004 \ 8}{0.05} = 0.808$$

由于 $B/d = 1$ 及 $\chi_{max} = 0.808$，查表得有限宽轴承的承载量系数 $C_p = 3.372$。

根据公式 $C_p = \frac{F\psi^2}{2\eta_{50}vB}$，求得轴承可承受的最大径向载荷为

$$F_{max} = \eta_{50}\omega dBC_p/\psi^2 = 0.019 \ 8 \times 104.7 \times 0.1 \times 0.1 \times 3.372/0.001^2$$
$$= 69 \ 904(N) > 35 \ 000 \ N$$

所以可以实现液体动力润滑。

第十一章　滚动轴承

一、判断题

题号	1	2	3	4	5	6	7	8	9
答案	T	T	F	F	T	F	F	T	T

二、选择题

题号	1	2	3	4	5	6	7	8	9	10
答案	A	A	B	C	D	A	A	B	D	A
题号	11	12	13	14	15	16	17	18	19	20
答案	D	A	A	B	D	D	C	C	D	A
题号	21	22	23	24	25	26	27	28		
答案	A	A	B	B	A	C	D	A		

三、填空题

1. 基孔　基轴
2. 52000
3. 主要承受径向载荷的轴承
4. 只能承受轴向载荷的轴承
5. 能同时承受轴向载荷和径向载荷的轴承
6. 轴承的基本额定寿命恰好为 10^6 转
7. 滑动摩擦轴承和滚动摩擦轴承
8. 25 mm
9. 深沟球　17　90％
10. 27°～30°　10°～18°

四、简答题

1. 答：主要失效形式：点蚀、塑性变形。计算准则：对于一般工作条件下的回转滚动轴承,应进行接触疲劳寿命计算和静强度计算;对于摆动或转速较低的轴承,只需作静强度计算;对于高速轴承,由于发热而造成的黏着磨损、烧伤常是突出问题,故除了进行寿命计算外,还需校核极限转速。

2. 答:滚动轴承由内圈、外圈、滚动体和保持架组成。内圈用来和轴颈装配,外圈用来和轴承座孔装配,内外圈均可滚动;滚动体可在滚道内滚动;保持架的作用是使滚动体均匀分开,减少滚动体间的摩擦和磨损。

3. 答:轴承中任一元件出现疲劳剥落扩展迹象前运转的总转数或一定转速下的工作小时数称为轴承寿命。轴承的基本额定寿命是指一批相同的轴承,在相同条件下运转,其中90%的轴承不出现疲劳点蚀的总转数或在给定转速下工作的小时数。

实际寿命指的是单个具体的轴承在进行过程中从开始到损坏一共运行的时间,此时间可能长于基本额定寿命,也可能短于基本额定寿命。基本额定寿命是一批零件在基本额定动载荷的作用下运行,恰好出现10%坏,90%好的时间节点。

4. 答:基本额定动载荷 C:基本额定寿命为一百万转时轴承所能承受的恒定载荷。

基本额定静载荷 C_0:轴承承载区内受载最大的滚动体与滚道的接触应力达到一定值时所对应的载荷。

5. 答:密封是为了阻止润滑剂从轴承中流失,也为了防止外界灰尘、水分等侵入轴承。

常用接触式、非接触式密封。

6. 答:由于向心角接触轴承滚动体与外圈滚道间存在着接触角,当它承受径向载荷时,受载滚动体将产生轴向力,各滚动体的轴向分力之和即为轴承的内部轴向力。

7. 答:轴承的载荷、轴承的转速、轴承的调心性能、轴承的安装和拆卸。

8. 答:滚动轴承常常同时承受径向和轴向联合载荷,因此在进行寿命计算时,必须把实际载荷转换为与确定基本额定动载荷的载荷条件相一致的当量动载荷,用 P 表示。

9. 答:两端固定支承即为轴上的两个轴承中,一个轴承的固定限制轴向一个方向的窜动,另一个轴承的固定限制轴向另一个方向的窜动,两个轴承的固定共同限制轴的双向窜动。

10. 答:6—深沟球轴承,3—尺寸系列,08—内径,$d=40$ mm,公差等级为0级,游隙组为0组。

11. 答:向心轴承、推力轴承和向心推力轴承。

五、计算题

1. 解:(1)对整个机构进行受力分析,如图所示。

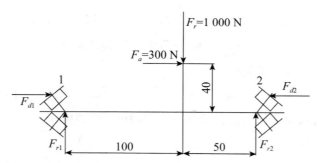

利用力学的知识,对点取矩求解力的大小:

$$F_{r1} = \frac{1\,000 \times 50 - 300 \times 40}{150} = 253(\text{N})$$

通过力的平衡可以比较方便地求出轴承2的径向力的大小:

$$F_{r2} = 1\,000 - F_{r1} = 747(\text{N})$$

(2)分析哪边是"紧边",哪边是"松边"。在判断这个之前,我们还需要计算派生轴向力的大小,即

$$F_{d1} = \frac{F_{r1}}{2Y} = \frac{253}{2 \times 1.7} = 74(\text{N}), F_{d2} = \frac{F_{r2}}{2Y} = \frac{747}{2 \times 1.7} = 220(\text{N})$$

判断紧边和松边:

$$F_{d1} + F_a = 74 + 300 = 374(\text{N}) > F_{d2}$$

所以轴承2被压紧,轴承1被放松,故轴承1的轴向力为

$$F_{A1} = F_{d1} = 74(\text{N}), F_{A2} = F_{d1} + 300 = 374(\text{N})$$

和 e 作比较,取 X、Y 值,

$$\frac{F_{A1}}{F_{r1}} = \frac{74}{253} = 0.29 < e, \frac{F_{A2}}{F_{r2}} = \frac{374}{747} = 0.5 > e$$

所以两个轴承的当量动载荷为

$$P_1 = f_p F_{r1} = 1.2 \times 253 = 304(\text{N})$$

$$P_2 = f_p(X_2 F_{r2} + Y_2 F_{A2}) = 1.2 \times (0.4 \times 747 + 1.7 \times 374) = 1\,122(\text{N})$$

(3)轴承的寿命按照受力大的轴承计算如下:

$$L_h = \frac{10^6}{60n}\left(\frac{C}{P}\right)^\varepsilon = \frac{10^6}{60 \times 1\,000} \times \left(\frac{15\,800}{1\,122}\right)^{\frac{10}{3}} = 112\,390(\text{h})$$

2. **解**:首先分析两个轴承的径向力,如图所示,通过理论力学的力矩平衡对轴承取矩:

$$QL = F_{r2} \times 2L, F_{r2} = Q/2 = 1\,000(\text{N})$$

$$Q \times 3L = F_{r1} \times 2L, F_{r1} = \frac{3}{2}Q = 3\,000(\text{N})$$

判断"紧边"和"松边"的条件,但是值得注意的是,本题的角接触球轴承:

$$S_1 = 0.7F_{r1} = 0.7 \times 3\,000 = 2\,100(\text{N}), S_2 = 0.7F_{r2} = 0.7 \times 1\,000 = 700(\text{N})$$
$$F_a + S_2 = 500 + 700 = 1\,200(\text{N}) < S_1$$

所以轴承 2 被压紧，轴承 1 被放松。
$$F_{a1} = S_1 = 2\,100\ \text{N}, F_{a2} = S_1 - F_a = 2\,100 - 500 = 1\,600(\text{N})$$

本题没有让计算寿命，但是已经将轴承寿命计算的核心考查完了。

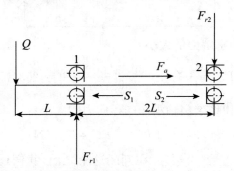

3. **解**：(1)本题轴承的径向力已经给出，需要求的就是派生轴向力的大小。
$$S_1 = 0.7R_1 = 0.7 \times 15\,000 = 10\,500(\text{N}), S_2 = 0.7R_2 = 0.7 \times 7\,000 = 4\,900(\text{N})$$

然后求出两个轴承所受到的轴向力，即要判断松边和紧边。

本题的轴承采用的是面对面安装方式，所以
$$S_2 + F_a = 4\,900 + 5\,600 = 10\,500(\text{N}) = S_1$$

出现特殊情况，两边的轴向力相等，既没有紧边也没有松边，故两个轴承受到的轴向力分别是它们自己产生的派生轴向力
$$A_1 = S_1 = 10\,500\ \text{N}, A_2 = S_2 = 4\,900\ \text{N}$$

(2)当量动载荷。
$$\frac{A_1}{R_1} = 0.7 > e, 所以 X_1 = 0.41, Y_1 = 0.87$$

$$\frac{A_2}{R_2} = 0.7 > e, 所以 X_2 = 0.41, Y_2 = 0.87$$

$$P_1 = f_p(X_1 R_1 + Y_1 A_1) = 0.41 \times 15\,000 + 0.87 \times 10\,500 = 15\,285(\text{N})$$
$$P_2 = f_p(X_2 R_2 + Y_2 A_2) = 0.41 \times 7\,000 + 0.87 \times 4\,900 = 7\,133(\text{N})$$

(3)轴承的工作寿命。

通过对两个轴承的当量动载荷进行计算，我们选择受力较大的一边进行计算，因为 $P_1 > P_2$，所以寿命按照 P_1 进行计算：
$$L_{10} = \left(\frac{C}{P_1}\right)^\varepsilon = \left(\frac{78\,000}{15\,285}\right)^3 = 132.9(10^6\ \text{r})$$

(4)综上，载荷增加一倍，寿命降低 $\frac{1}{8}$，故轴承的寿命与原来的寿命之间的比值为 $\frac{7}{8}$。

4. 解：(1)求轴承径向力的大小。

对轴承综合受力分析得到图(a)，将受力分解为竖直方向和水平方向分别得到图(b)、图(c)。

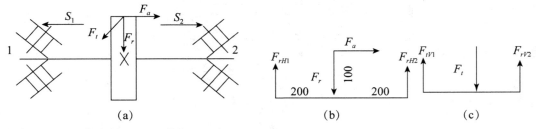

(a)　　　　　　(b)　　　　　　(c)

对轴承2取矩[受力见图(b)]得

$$F_{rH1} \times 400 - F_r \times 200 + F_a \times 100 = 0$$

解得

$$F_{rH1} = 350 \text{ N}$$

再根据受力平衡有

$$F_{rH2} = F_r - F_{rH1} = 1\,200 - 350 = 850(\text{N})$$

水平方向的力求解完成之后，再求解竖直方向的力[受力见图(c)]：

$$F_{tV1} = F_{tV2} = F_t/2 = 1\,500(\text{N})$$

故轴承受的径向力为

$$F_{r1} = \sqrt{F_{rH1}^2 + F_{tV1}^2} = \sqrt{350^2 + 1\,500^2} = 1\,540.3(\text{N})$$

$$F_{r2} = \sqrt{F_{rH2}^2 + F_{tV2}^2} = \sqrt{850^2 + 1\,500^2} = 1\,724.1(\text{N})$$

(2)派生轴向力(有的参考书上写的是"附加轴向力"，是一个意思)，注意轴承的安装方式是背对背安装。

$$S_1 = \frac{F_{r1}}{2Y} = \frac{1\,540.3}{2 \times 1.5} = 513.4(\text{N})$$

$$S_2 = \frac{F_{r2}}{2Y} = \frac{1\,724.1}{2 \times 1.5} = 574.7(\text{N})$$

在轴的方向上进行受力分析，由于轴承是背对背安装，在判断紧边和松边的时候需要格外注意。

当量动载荷求解过程如下：

$$F_a + S_2 = 1\,000 + 574.7 = 1\,574.7(\text{N}) > S_1$$

轴承有向右运动的趋势，所以轴承1被"压紧"，轴承2被"放松"，所以两个轴承受到的轴向力为

$$F_{A1} = F_a + S_2 = 1\,574.7(\text{N}), F_{A2} = S_2 = 574.7 \text{ N}$$

下面选择 X、Y 的值。

对轴承 1,因为

$$\frac{F_{A1}}{F_{r1}} = \frac{1\ 574.7}{1\ 540.3} = 1.02 > e$$

所以

$$X_1 = 0.4, Y_1 = 1.5$$

对轴承 2,因为

$$\frac{F_{A2}}{F_{r2}} = \frac{574.7}{1\ 724.1} = 0.33 < e$$

所以

$$X_2 = 1, Y_2 = 0$$

$$P_1 = f_p(X_1 F_{r1} + Y_1 F_{A1}) = 1.2 \times (0.4 \times 1\ 540.3 + 1.5 \times 1\ 574.7) = 3\ 573.8(\text{N})$$

$$P_2 = f_p(X_2 F_{r2} + Y_2 F_{A2}) = 1.2 \times 1\ 724.1 = 2\ 068.9(\text{N})$$

(3)判断两个轴承的寿命需要根据当量动载荷进行判断。

$P_1 > P_2$,由公式 $L_{10} = \frac{10^6}{60n} \left(\frac{C}{P}\right)^\varepsilon$ 可知,当量动载荷越大,轴承的寿命越短,所以轴承 1 的寿命比较短。

5. **解**: 根据已知条件可知,受力分析如图所示。

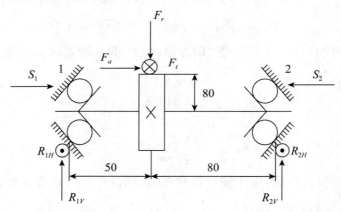

值得注意的是,轴承受到的是空间径向力,我们在分析的时候可以将受到的力分解为水平方向上产生的径向力和竖直方向上产生的径向力,最后用力的平行四边形定则将两个方向上的径向力合成一个力进行综合计算。首先求解各个力在竖直方向产生的径向力:

对轴承 2 取矩可得轴承 1 产生的径向力

$$R_{1V} = \frac{F_r \times 80 - F_a \times 80}{130} = \frac{(3\ 052 - 2\ 170) \times 80}{130} = 543(\text{N})$$

根据受力平衡可以得出轴承 2 在竖直方向上受到的径向力

$$R_{2V} = F_r - R_{1V} = 3\ 052 - 543 = 2\ 509(\text{N})$$

同理可得水平方向上的径向力
$$R_{1H} = \frac{F_t \times 80}{130} = \frac{8\,100 \times 80}{130} = 4\,985(\text{N}), R_{2H} = \frac{F_t \times 50}{130} = \frac{8\,100 \times 50}{130} = 3\,115(\text{N})$$

轴承上综合的径向力
$$R_1 = \sqrt{R_{1V}^2 + R_{1H}^2} = \sqrt{543^2 + 4\,985^2} = 5\,014(\text{N})$$
$$R_2 = \sqrt{R_{2V}^2 + R_{2H}^2} = \sqrt{2\,509^2 + 3\,115^2} = 4\,000(\text{N})$$
$$S_1 = 0.68 R_1 = 0.68 \times 5\,014 = 3\,410(\text{N}), S_2 = 0.68 R_2 = 0.68 \times 4\,000 = 2\,720(\text{N})$$
$$F_a + S_1 = 2\,170 + 3\,410 = 5\,580(\text{N}) > S_2$$

很显然轴有向右运动的趋势，所以轴承 1 被"放松"，轴承 2 被"压紧"。所以轴承 1 受到的轴向力是自身产生的派生轴向力，而轴承 2 产生的轴向力是除了自身产生的派生轴向力之外的其他轴向力之和。故
$$A_1 = 3\,410\ \text{N}, A_2 = 5\,580\ \text{N}$$
$$\frac{A_1}{R_1} = \frac{3\,410}{5\,014} = 0.68 = e, \text{所以} X_1 = 1, Y_1 = 0$$
$$\frac{A_2}{R_2} = \frac{5\,580}{4\,000} = 1.395 > e, \text{所以} X_2 = 0.41, Y_2 = 0.87$$
$$P_1 = f_p(X_1 R_1 + Y_1 A_1) = 2.1 \times 5\,014 = 10\,529(\text{N})$$
$$P_2 = f_p(X_2 R_2 + Y_2 A_2) = 2.1 \times (0.41 \times 4\,000 + 0.87 \times 5\,580) = 13\,639(\text{N})$$

根据轴承是角接触球轴承，可以得到 $\varepsilon = 3$，代入寿命计算公式：
$$L_{h1} = \frac{10^6}{60n}\left(\frac{f_t C}{P_1}\right)^\varepsilon = \frac{10^6}{60 \times 300}\left(\frac{28.2 \times 10^3}{10\,529}\right)^3 = 1\,067.4(\text{h})$$
$$L_{h2} = \frac{10^6}{60n}\left(\frac{f_t C}{P_2}\right)^\varepsilon = \frac{10^6}{60 \times 300}\left(\frac{28.2 \times 10^3}{13\,639}\right)^3 = 491(\text{h})$$

6. **解**：内部轴向力 $F_d = 0.4 F_r$。
$$F_{d1} = 0.4 F_{r1} = 0.4 \times 1\,000 = 400(\text{N}), \text{方向向左}$$
$$F_{d2} = 0.4 F_{r2} = 0.4 \times 2\,060 = 824(\text{N}), \text{方向向右}$$
$$F_{d2} + F_a = 824 + 880 = 1\,704(\text{N}) > F_{d1}$$

故轴承 1 为压紧端，轴承 2 为放松端。
$$F_{a1} = F_{d2} + F_a = 824 + 880 = 1\,704(\text{N})$$
$$F_{a2} = F_{d2} = 824\ \text{N}$$

7. **解**：(1)首先对斜齿轮进行受力分析，齿轮 2 是从动轮，根据转动方向和锥齿轮的受力规则及转动方向，受力分析如图(a)所示，对圆锥齿轮进行受力分析，如图(b)所示。根据轴承本身受力分析并分别对 A、B 取矩，可以判断出 A、B 的受力情况，A 轴承受力如图(c)所示，B 轴承

受力如图(d)所示。

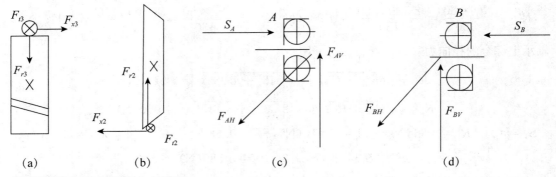

总体的受力分析如图(e)所示。

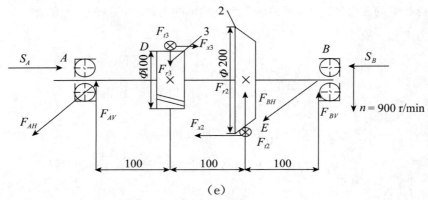

求解各个分力的具体数值,对轴承 B 的中心取矩可知

$$F_{AH} \times 300 - F_{t2} \times 100 - F_{t3} \times 200 = 0, F_{AH} = \frac{F_{t2} \times 100 + F_{t3} \times 200}{300} = 3\,333(\text{N})$$

根据力的平衡条件,求解 B 轴承的受力:

$$F_{BH} = F_{t2} + F_{t3} - F_{AH} = 2\,667(\text{N})$$

对轴承 B 的中心再取矩:

$$F_{AV} \times 300 - F_{r3} \times 200 + F_{x3} \times 50 + F_{x2} \times 100 + F_{r2} \times 100 = 0$$

$$F_{AV} = \frac{F_{r3} \times 200 - F_{x3} \times 50 - F_{x2} \times 100 - F_{r2} \times 100}{300} = 533(\text{N})$$

同理,在力的同一方向上求力的平衡,有

$$F_{BV} = F_{r3} - F_{r2} - F_{AV} = 767(\text{N})$$

根据力的水平和竖直方向上的分量可以求解:

$$F_{rA} = \sqrt{F_{AV}^2 + F_{AH}^2} = \sqrt{533^2 + 3\,333^2} = 3\,375(\text{N})$$

$$F_{rB} = \sqrt{F_{BV}^2 + F_{BH}^2} = \sqrt{767^2 + 2\,667^2} = 2\,775(\text{N})$$

上述完成了对轴承 A、B 的径向力求解。

根据给定条件求解派生轴向力：
$$S_A = 0.68 F_{rA} = 2\ 295(\text{N})$$
$$S_B = 0.68 F_{rB} = 1\ 887(\text{N})$$

求解压紧端和放松端：
$$S_A + F_{x3} - F_{x2} = 2\ 295 + 1\ 000 - 700 = 2\ 595(\text{N}) > S_B$$

通过受力分析可知，轴承 B 端被"压紧"，轴承 A 端被"放松"。

$$F_A = S_A = 2\ 295\ \text{N}, F_B = S_A + F_{x3} - F_{x2} = 2\ 295 + 300 = 2\ 595(\text{N})$$

$$\frac{F_A}{F_{rA}} = \frac{2\ 295}{3\ 375} = 0.68 = e, X_A = 1, Y_A = 0$$

$$\frac{F_B}{F_{rB}} = \frac{2\ 595}{2\ 775} = 0.935\ 1 > e, X_B = 0.41, Y_B = 0.87$$

$$P_A = f_p X_A F_{rA} = 1.2 \times 3\ 375 = 4\ 050(\text{N})$$

$$P_B = f_p(X_B F_{rB} + Y_B F_B) = 1.2 \times (0.41 \times 2\ 775 + 0.87 \times 2\ 595) = 4\ 074(\text{N})$$

(2) 选择受力较大的轴承 B 进行寿命计算：
$$L_h = \frac{10^6}{60n}\left(\frac{f_t C}{P_B}\right)^\varepsilon = \frac{10^6}{60 \times 900} \times \left(\frac{35.2 \times 10^3}{4\ 074}\right)^3 = 11\ 945(\text{h}) > 10^4\ \text{h}$$

综上所述，两个轴承有足够的寿命。

第十二章　轴

一、判断题

题号	1	2	3	4	5	6	7	8	9	10
答案	T	T	T	F	F	F	F	F	F	T

二、选择题

题号	1	2	3	4	5	6	7	8	9	10
答案	B	A	C	C	A	A	A	A	C	B

题号	11	12	13	14	15	16	17	18
答案	C	D	A	B	C	D	C	B

三、填空题

1. 转轴　心轴　传动轴
2. 工作中既承受弯矩又承受扭矩的轴
3. 工作中只承受弯矩不承受扭矩的轴
4. 轴向　周向
5. 键　花键　销　紧定螺钉
6. 轴肩　套筒　轴端挡圈　轴承端盖　圆螺母
7. 齿轮轴

四、简答题

1. 答：轴的功用主要体现在以下几个方面：支承与连接、传递动力与运动。

   轴的常见失效形式主要包括以下几种：疲劳断裂、过大的残余变形、轴颈磨损。

2. 答：①轴的毛坯。尺寸较小的轴可以用圆钢车制，尺寸较大的轴则需用锻造毛坯。

   ②轴的结构要求。轴颈、轴头和与其相连接零件的配合要根据工作条件合理提出，同时还要规定这些部分的表面粗糙度。

   ③轴上零件的周向固定。键连接的固定；销连接的固定；紧定螺钉的固定；紧定套固定；过盈配合。

④轴上零件的轴向固定。轴肩定位;圆螺母定位;弹性挡圈固定;止动垫圈固定;紧定螺钉固定;轴端压板。

3. **答**:两端单向固定;一端双向固定,另一端游动;两端游动。

4. **答**:轴和装在轴上的零件要有准确的工作位置;轴上的零件应便于装拆和调整;轴应有良好的制造工艺等。

五、计算题

1. **解**:按照轴的强度条件进行计算:

$$\tau = \frac{T}{W_T} = \frac{9\,550\,000\,\dfrac{P}{n}}{\dfrac{\pi}{16}d^3} \leqslant [\tau]$$

$$d \geqslant \sqrt[3]{\frac{9\,550\,000}{\dfrac{\pi}{16}[\tau]} \cdot \frac{P}{n}} = \sqrt[3]{\frac{9\,550\,000 \times 4 \times 16}{\pi \times 30 \times 208}} = 31.5(\text{mm})$$

按照轴的扭矩刚度条件进行计算:

$$\theta = 5.73 \times 10^4 \frac{T}{GI_P} = 5.73 \times 10^4 \times \frac{9\,550\,000 P \times 32}{\pi d^4 G n} \leqslant [\theta]$$

$$d \geqslant \sqrt[4]{\frac{5.73 \times 10^4 \times 9\,550\,000 \times 4 \times 32}{\pi \times 8 \times 10^4 \times 1 \times 208}} = 34.02(\text{mm})$$

最终轴的直径取 $d=35$ mm,轴的直径一般要取到整数,最好是 5 的倍数,这样在选择轴承的时候是比较方便的。

2. **解**:轴上的作用力为

$$Q_1 = Q_2 = Q/2 = 2\,500(\text{N})$$

力的方向向下,如图所示。

$F_1 = F_2 = 2\,500$ N,方向向上,如图所示。

轴上最大的弯曲应力

$$M = F_1 \times 100 = 2.5 \times 10^5 (\text{N} \cdot \text{mm})$$

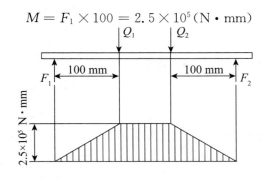

求解轴上受到的最大应力如下：

$$\sigma = \frac{M}{W} = \frac{M}{0.1d^3} \leqslant [\sigma]$$

根据应力计算轴的直径：

$$d \geqslant \sqrt[3]{\frac{M}{0.1[\sigma]}} = \sqrt[3]{\frac{2.5 \times 10^5}{0.1 \times 100}} = 29.24 (\text{mm})$$

故轮轴直径为 30 mm。

3. **解**：本题分为两大部分，第一部分是指出结构的错误点，第二部分是绘制正确的结构图。

首先指出整个结构的错误点，如图(a)所示。

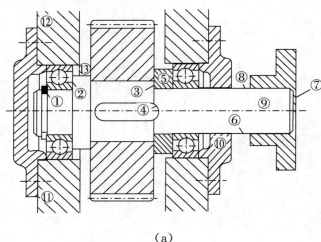

(a)

①弹性挡圈为多余零件，造成过定位；

②轴肩过高，不便于拆轴承；

③轴的台肩应在轮毂内；

④键槽太长；

⑤套筒外径太大，不应与外圈接触，不便于轴承拆卸；

⑥轴颈太长，轴承装拆不便；

⑦联轴器孔应打通；

⑧联轴器没有轴向固定；

⑨联轴器没有周向固定；

⑩要有间隙加密封；

⑪缺调整垫片；

⑫箱体装轴承端盖面无凸出加工面；

⑬缺挡油环。

正确的结构图如图(b)所示。

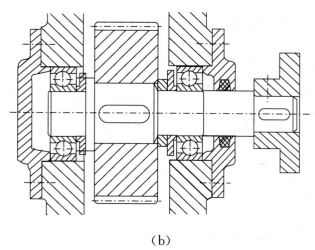

(b)

4. **解**：标注如图所示。

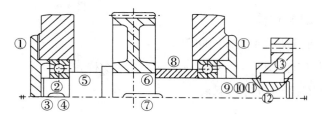

①缺螺栓连接；

②此轴承安装反了；

③轴太长，碰到了轴承盖，动静接触了；

④此处的键槽多余；

⑤轴肩过高，使轴承无法拆卸；

⑥轮毂的长度应比相应轴段长度长 2～3 mm；

⑦键太长，不可伸到齿轮外面；

⑧套筒右端过厚，使轴承无法拆卸；

⑨精加工面过长，应加工成阶梯轴；

⑩轴承透盖应有间隙，并加密封；

⑪联轴器缺轴向固定；

⑫此键应与齿轮的键在同一方向上；

⑬联轴器缺键槽，否则键根本进不去。

5. 解：①应设密封圈并留间隙；

②轮毂应比轴段长 1~2 mm；

③应有键作周向定位；

④轴承内圈装入应有台阶；

⑤箱体装盖应有加工凸台并加垫片；

⑥键太长，套筒不能起定位作用；

⑦应加挡油圈；

⑧套筒不可同时接触内、外圈；

⑨联轴器应给定位台阶；

⑩此处不必用卡圈固定内圈；

⑪联轴器应为通孔，且应有轴端挡圈固定；

⑫轴环高不能超过内圈厚度；

⑬轴承盖凸缘内应切倒角槽。

6. 解：①固定轴肩端面与轴承盖的轴向间距太小；

②轴承盖与轴之间应有间隙；

③轴承内环和套筒装不上，也拆不下来；

④轴承安装方向不对；

⑤轴承外圈内与壳体内壁间应有 5~8 mm 间距；

⑥与轮毂相配的轴段长度应小于轮毂长；

⑦轴承内圈拆不下来。

正确结构如图所示。

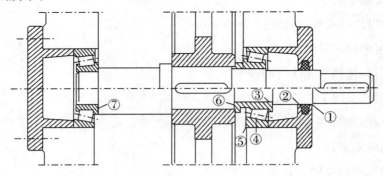

第十三章 联轴器、离合器和弹簧

一、选择题

题号	1	2	3	4	5	6	7	8	9	10
答案	D	D	B	C	D	C	C	B	B	B
题号	11	12	13	14	15	16	17	18	19	20
答案	C	B	D	C	B	D	C	C	D	B
题号	21	22	23	24						
答案	B	A	C	A						

二、填空题

1. 轴向位移　径向位移　角位移　综合位移

2. 牙嵌式　摩擦式

3. 无弹性元件的挠性　刚性

4. 有弹性元件的挠性

5. 综合　径向

6. 可拆连接　不可拆连接

7. 不需破坏连接中的任一零件就可拆开的连接

8. 转矩　直径

三、简答题

1. 答：弹性套柱销联轴器是应用非常广泛的一种非金属弹性元件挠性联轴器,其构造与凸缘联轴器相似,只是用套有弹性套的柱销代替了连接螺栓,因此可以缓冲减振。结构简单、成本较低、装拆方便。适用于转速较高、有振动、经常正反转和启动频繁的场合。

2. 答：套筒联轴器;凸缘联轴器;夹壳联轴器;齿式联轴器;万向联轴器;弹性柱销联轴器;弹性套柱销联轴器。

3. 答：①根据机器工作条件与使用要求选择合适的类型。
   主要考虑的因素有:被连两轴的对中性、载荷大小及特性、工作转速、工作环境及温度等。此外,还应考虑安装尺寸的限制及安装、维护方便等。

②按轴直径计算转矩、轴的转速和轴端直径,从标准中选定型号和结构尺寸。

③必要时对易损件进行强度校核计算。

4. 答:牙嵌式离合器和摩擦式离合器。

5. 答:牙嵌式离合器是借牙的相互嵌合来传递运动和转矩;摩擦式离合器是通过主、从动盘的接触面间产生的摩擦力矩来传递转矩的。

牙嵌式离合器一般用于转矩不大、低速接合处。优点是通过牙型结合传递动力,没有摩擦生热,可以提高效率;缺点是结合的瞬间有刚性冲击,故只能用于低速、扭矩不大的场合,结合面磨损后无法补偿。摩擦式离合器的优点是不论在何种速度时,两轴都可以接合或分离;接合过程平稳,冲击、振动较小;从动轴的加速时间和所传递的最大转矩可以调节;过载时可发生打滑,以保护重要零件不被损坏。缺点是外廓尺寸较大,在接合与分离过程中要产生滑动摩擦,发热量较大。

6. 答:功用:用来连接轴与轴(或连接轴与其他回转零件),以传递运动和转矩;有时也可用作安全装置。

区别:联轴器在机器运转时两轴不能分离,只有在机器停车并将连接拆开后,两轴才能分离;离合器在机器运转过程中,可使两轴随时接合或分离。

7. 答:联轴器分为刚性联轴器和弹性联轴器。刚性联轴器又分为固定式和可移式。固定式刚性联轴器不能补偿两轴的相对位移;可移式刚性联轴器能补偿两轴的相对位移。弹性联轴器包含弹性元件,能补偿两轴的相对位移,并具有吸收振动与缓和冲击的能力。